Sophie Trelles-Tvede

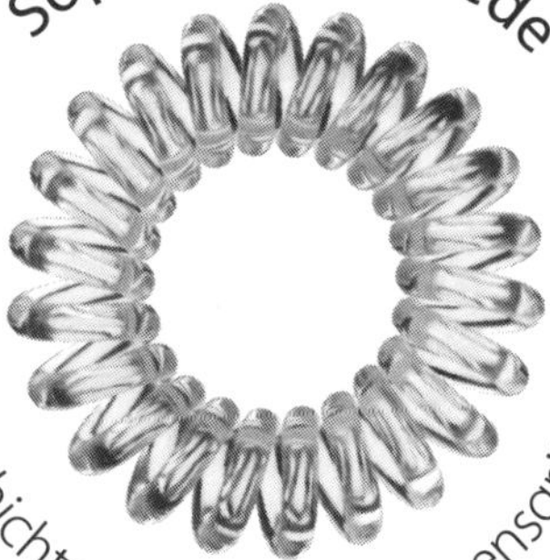

Die Geschichte einer Unternehmensgründerin

100 Millionen Haargummis und ein Wodka Tonic

Übersetzung aus dem Englischen von Petra Pyka

REDLINE | VERLAG

Bibliografische Information der Deutschen Nationalbibliothek:
Die Deutsche Nationalbibliothek verzeichnet diese Publikation in der Deutschen Nationalbibliografie. Detaillierte bibliografische Daten sind im Internet über **http://dnb.d-nb.de** abrufbar.

Für Fragen und Anregungen:
info@redline-verlag.de

1. Auflage 2020

Nymphenburger Straße 86
D-80636 München
Tel.: 089 651285-0
Fax: 089 652096

Die englische Originalausgabe erschien 2020 bei LID Publishing unter dem Titel *100 Million Hair Ties and a Vodka Tonic: An Entrepreneur's Story*.

Übersetzung: Petra Pyka, Rednitzhembach
Redaktion: Silke Panten, Berlin
Umschlaggestaltung: Marc T. Fischer, München
Umschlagabbildung: invisibobble ORIGINAL_Crystal Clear_Single-grey
Satz: Röser Media, Karlsruhe
Druck: Florjancic Tisk d.o.o., Slowenien
Printed in the EU
Printed in Germany

ISBN Print 978-3-86881-806-2
ISBN E-Book (PDF) 978-3-96267-243-0
ISBN E-Book (EPUB) Mobi 978-3-96267-244-7

Hinweis:
Dies ist eine wahre Geschichte. Zur Vereinfachung wurden mehrere Personen zu einem Charakter zusammengeführt. Aus Datenschutzgründen wurden die Namen mancher Personen geändert.

Inhalt

Vorwort

Ich stehe in der Schlange am Münchner Flughafen – und habe etwas sehr Wertvolles im Gepäck. Ich warte bereits seit 20 Minuten und komme nur schrittweise voran, während andere Passagiere an der Sicherheitsschleuse ihre Taschen durchleuchten lassen. Innerlich bin ich ganz hibbelig.

Ich bin auf dem Weg nach Chicago zu einer Präsentation bei einem Kunden. Ich hoffe, er wird daran interessiert sein, meine Produkte zu vertreiben. Da er jedoch gewöhnlich mit weit größeren Unternehmen arbeitet, könnte es schwierig werden, ihn zu überzeugen.

Inzwischen habe ich einige Übung darin, ein Handgepäckstück so zu packen, dass ich für alles gerüstet bin. Von Chicago aus geht es nach Amsterdam und dann weiter nach China, um in unserer Fabrik nach dem Rechten zu sehen und über Innovationen für die nächsten Neueinführungen zu sprechen. Den meisten Platz in meinem Gepäck nehmen aber die Schächtelchen mit unserem Produkt ein.

Endlich bin ich an der Reihe. Ich stelle meinen Koffer in die große Plastikwanne und warte, bis er kontrolliert ist. Doch er landet in dem für verdächtige Gepäckstücke vorgesehenen Bereich. Ich seufze und warte, bis der Sicherheitsmitarbeiter meinen Koffer genauer unter die Lupe nimmt.

»Wem gehört das?«, fragt der kahlköpfige Uniformierte mittleren Alters.

»Mir«, erkläre ich. Aus unerfindlichen Gründen befürchte ich plötzlich, ich könnte versehentlich eine Schusswaffe oder ein Messer eingepackt haben.

»Was haben Sie denn da drin? Beim Durchleuchten sieht das sehr komisch aus«, meint er und öffnet den Reißverschluss.

»Als hätten Sie einen ganzen Stapel spiraliger Wackeldinger dabei«, wundert er sich.

Spiralige Wackeldinger. So kann man es auch sagen.

»Äh, vielleicht Haargummis?«, schlage ich vor, während er mein Köfferchen aufklappt.

»Ach ja! Die kenne ich doch.« Ein wissendes Lächeln gleitet über sein Gesicht. »Das sind doch diese spiralförmigen Haargummis, die keinen Abdruck im Haar hinterlassen und keine Kopfschmerzen machen, stimmt's? Immer drei in einem niedlichen Plastikwürfel?«

Ich kann es kaum glauben. *Dieser alte Glatzkopf von der Sicherheitskontrolle kennt meine Haargummis?*

Ich heiße Sophie Trelles-Tvede. Mit 18, im ersten Semester meines Betriebswirtschaftsstudiums an der Universität Warwick, erfand ich ein spiraliges Plastikhaargummi, das ich *invisibobble* nannte.

Mein Mitgründer Felix und ich investierten etwas mehr als 3700 Euro in das Unternehmen, was damals ungefähr 1350 Wodka Tonics in einer Studentenkneipe entsprach.

Zu diesem Zeitpunkt hätten wir uns nicht träumen lassen, dass aus unserer banalen Idee zu einem so winzigen Produkt je eine Weltmarke werden könnte, die irgendwann überall erhältlich sein würde – bei Friseuren, in Drogerien, in Edelkaufhäusern, bei amerikanischen Einzelhandelsriesen, Modeketten, europäischen Drogeriemärkten, Lebensmittelläden, Kosmetikstudios, an Flughäfen, im Flugzeug, auf Kreuzfahrtschiffen und sogar auf dem grönländischen Eisschild (wohin unsere Produkte übrigens von Schlittenhunden transportiert werden). Nie hätte ich gedacht, dass wir nachhaltig verändern würden, wie Haargummis produziert, vermarktet und vertrieben werden.

Doch irgendwie kam es so. Seit der Gründung des Unternehmens haben wir in 85 000 Verkaufsstellen in über 70 Ländern weltweit mehr als 100 Millionen Haargummis verkauft. Unser Umsatz erreicht inzwischen mehrere Millionen Dollar, und wir haben die Produktkategorie der Haaraccessoires grundlegend verändert – und damit die Einzelhandelslandschaft für Haarprodukte.

Dies ist die Geschichte des *invisibobble.*

Verbie
Manuscript
100 Million Hair Ties
and
a Vodka Tonic

invisi
bobble
hair ring
invisi
bobble

1.

Fahrräder für Goldfische

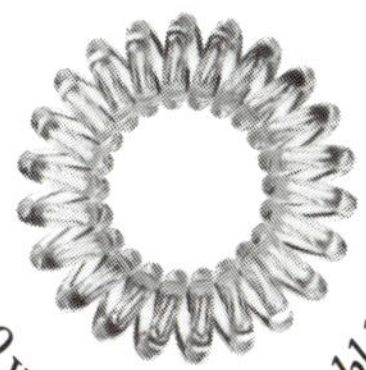

Was ich gelernt habe:

- Manchmal muss man sich dazu zwingen, neue Leute kennenzulernen.
- Langeweile ist die Mutter des Erfindungsgeistes.
- Wer sich eine Telefonschnur ins Haar bindet, kriegt kein Kopfweh.

Bäng. Bäng. Bäng. Klack. Klack. Klack.

Noch bevor ich sah, wie die Männer Bettgestelle vom Lastwagen warfen, konnte ich sie schon hören. Sie schrien herum, fluchten, packten jeweils vier oder fünf der Metallrahmen auf einmal und ließen sie zu Boden poltern. Die Betten sahen aus wie Gefängnispritschen. Darauf sollte ich also in meinem ersten Semester als BWL-Studentin in der englischen Universitätsstadt Warwick meine Nächte verbringen.

Meine Mutter und ich standen auf dem Bürgersteig, als die Betten vor meinem Studentenwohnheim abgeladen wurden – einem hässlichen flachen Block aus den 1970er-Jahren, der zu Fuß mindestens 20 Minuten vom Campus entfernt war (und meine vierte Wahl als Studentenunterkunft war). Mir kam es so vor, als lägen Welten zwischen der Universität Warwick und meiner Heimat Zürich.

Ich wurde 1993 in Dänemark geboren, doch wir zogen in die Schweiz, als ich noch ein Baby war. Meine Eltern hielten es für eine gute Idee, dort ein Unternehmen zu gründen. Ich hatte das Glück, in einem lachsrosa Haus an einem See aufzuwachsen – in einem Ort mit weniger als 2000 Einwohnern, umgeben von grünen Hügeln und Kühen, im heimeligen Dunst frischer Kuhfladen. An einem Ort, wo die Züge pünktlich fahren, Reinlichkeit gleich nach der Gottesfurcht kommt und die Menschen wegen der guten Alpenluft alle so frisch und gesund aussehen.

Auf dem Weg durch die endlosen Flure meines Wohnheims wurde mir immer mulmiger zumute. Ausländische Studenten durften eine Woche früher anreisen, um sich mit den Eigenheiten des Studentenlebens vertraut zu machen. Deshalb waren erst wenige Leute da. Mein Zimmer lag ganz am Ende eines langen Korridors mit lauter verschlossenen Türen. Neben einem der besagten Metallbetten befanden sich darin ein Waschbecken, ein Schrank, ein Stuhl und ein langer, an die Wand montierter Schreibtisch. Ich fragte mich, was mich hier wohl erwartete.

Nachdem sich meine Mutter tränenreich verabschiedet hatte, wurde mir klar: Wenn ich nicht total vereinsamen wollte, musste ich mich auf den Weg zur Uni machen, wo kostenloses Essen für die Studierenden angeboten wurde. Es gab nur ein Problem: Von meinen Eltern hatte ich ein arrogantes »Resting Bitch Face« geerbt – deshalb kamen andere selten von allein freundlich auf mich zu. Außerdem war ich ziemlich schüchtern und total unbegabt für Small Talk (eine Kunst, die ich inzwischen deutlich besser beherrsche). Mir graute daher vor den Verrenkungen, die ich würde machen müssen, um Anschluss zu finden.

Ich warf einen Blick in den Spiegel, ermahnte mich, zu lächeln, und holte tief Luft. Dann riss ich meine Tür auf – und stand prompt einem anderen Mädchen gegenüber. Sie kam aus Frankreich, hieß Marie, und wir gingen zusammen vom Wohnheim zur Uni. Marie schickte der Himmel.

Im ersten Semester war ich überwiegend damit beschäftigt, Party zu machen, auszuschlafen, möglichst nicht am Wodka-Tonic-Kater zu sterben und mich in das eher schmuddelige Studentendasein einzufinden.

Unsere Küche teilten sich 18 Leute. Einmal schmorte einer in einem riesigen Topf ein Hühnchen auf dem Ofen und ließ es einfach stehen. Niemand erhob Anspruch auf den gegarten Vogel. Also schoben ihn andere nach etwa drei Wochen in eine Ecke. Irgendwann fiel uns auf, dass weißer Flaum aus dem Topf herauswuchs und an der Wand hochkletterte. Daher war klar: Ich würde in dieser Küche so wenig wie nur irgend möglich kochen.

Die Bäder sahen noch schlimmer aus als die Küche, vor allem am Mittwochmorgen. Dienstagabends fand nämlich immer die große Party im Campus-Club statt, und nach vielen Stunden mit hartem Alkohol, heißen Flirts und dann noch einem Curry um 2 Uhr morgens schaute gern mal der flotte Otto vorbei und kontaminierte die Toiletten.

Ich kaufte mir ein Fahrrad, um mobil zu sein. Doch weil ich damit schneller unterwegs war, brach ich grundsätzlich erst in letzter Sekunde zur Uni auf und musste mir dann die Seele aus dem Leib strampeln, um pünktlich im Hörsaal zu sein. Oft kam ich trotzdem zu spät an – stets schweißnass und außer Atem. Bis ich dann nach ein paar Wochen praktisch gar nicht mehr hinging.

Im Dezember überkamen mich schreckliche Schuldgefühle. In meinem Kopf ging eine rote Warnleuchte an, weil ich ganze zehn Wochen lang so wenig getan hatte. Als die Weihnachtsferien nahten, schämte ich mich vor mir selbst und war total unzufrieden.

Dieses BWL-Studium in Warwick war doch mein Traum gewesen. Und nun?

Ich fand es bocklangweilig.

Ich überlegte, wie ich meine Zeit produktiv nutzen könnte. Der Basketballmannschaft beitreten? *Nee, doch nicht mit meiner lädierten Schulter und meinem kaputten Knie.* Ich könnte mich natürlich ehrenamtlich engagieren. *Aber halte ich das auch durch?* Vielleicht sollte ich doch lieber Skifahren gehen? Ich meldete mich für das Universitätsteam an, stieg aber sofort wieder aus, als ich erfuhr, dass es sich um Grasski handelte.

Um gute Leistungen zu bringen, muss ich mich wirklich für eine Sache interessieren, sonst wird das bei mir nichts. Weil ich unbedingt herausfinden wollte, was ich mit mir anfangen könnte, schloss ich mich im Dezember eine Woche lang in meinem Zimmer ein. Ich saß an meinem Wandschreibtisch und überlegte, was ich herstellen und verkaufen könnte – sozusagen als Nebenprojekt gegen Langweile und Schuldgefühle.

Eines Nachmittags dachte ich darüber nach, dass mir herkömmliche Haargummis immer Kopfschmerzen verursachten. Sie lösten offenbar Spannungsgefühle auf meiner Kopfhaut aus, weil sie an den Haaren rissen, und dann tat mir der ganze Kopf weh – total ätzend. Ich fragte mich, ob sich das mit ein bisschen Kreativität nicht anders lösen ließe.

Am selben Abend fand auf dem Campus eine »Bad-Taste«-Party statt. Dafür musste man sich so geschmacklos wie möglich anziehen, viel trinken und hoffen, dass das eigene Outfit genügend Gesprächsstoff bot (und sich positiv auf mein Resting-Bitch-Face auswirken würde). Ich wollte gerade los, als mein Blick auf das Spiralkabel an meinem Festnetztelefon fiel. Spontan zog ich es heraus, wickelte es ein paarmal um meinem Pferdeschwanz und ließ die spiraligen Enden herausstehen: Perfekt! Es sah komplett daneben aus.

Als ich am nächsten Morgen aufwachte, hatte ich das Kabel noch immer im Haar. Mir war zwar ein bisschen schwummerig von diversen

Wodka Tonics, doch mein Pferdeschwanz verursachte mir keinerlei Spannungsgefühle.

Kopfschmerzen? Fehlanzeige.

Da saß ich in meiner einfachen kleinen Studentenbude an der Uni Warwick, 1195 Kilometer von meiner Schweizer Heimatstadt und mehr als 160 Kilometer von einem damaligen Freund Felix entfernt, und fragte mich, ob ich auf etwas Vielversprechendes gestoßen sein könnte. In meinem Bauch kribbelte es leicht.

Ich, Sophie Trelles-Tvede, Studentin an einer führenden BWL-Fakultät, die für die Zulassung zu diesem Studium alles gegeben hatte, interessierte mich für etwas, was so gar nichts damit zu tun hatte, was ich mir vom Ende meines ersten Semesters versprochen hatte.

In mir kam tatsächlich Begeisterung auf für ein Stückchen gedrehtes graues Telefonkabel.

Ich rief Felix an, der an der Business School der Universität Bath studierte – drei Zugstunden von Warwick entfernt.

»IchwaraufeinerBadTastePartyundhabmirdieHaaremiteinemTelefonkabelhochgebundenundbingradeohneKopfschmerzenaufgewacht!«

»Was?«

»Ich habe mir die Haare mit dem Spiralkabel von meinem Telefon hochgebunden und gar keine Kopfschmerzen! Ich habe mir gedacht, ich könnte Haargummis aus solchem Kabel herstellen – so als kleines Nebenprojekt.«

Schweigen in der Leitung. Für Felix muss sich meine Idee wohl ziemlich abgedreht angehört haben – als wolle ich Ohrringe für Hunde verkaufen oder Fahrräder für Goldfische.

Schließlich sagte er: »Wie viel hast du denn dafür ausgegeben?«

Typisch Felix. Er braucht immer erst Fakten und Zahlen und kann sich nur dann für etwas erwärmen, wenn es auch nachweislich funktioniert. Doch ich sah ihm nach, dass er am Potenzial dieser Idee zweifelte.

Felix frustrierte sein Studium ebenfalls. Sein älterer Bruder Dani und dessen Geschäftspartner Niki lebten in München, wo auch Felix herkam. Sie waren gut im Geschäft mit dem Deutschlandvertrieb einer Haarbürste namens Tangle Teezer. (Vertrieb bedeutet, was der Name schon sagt: Man kauft Produkte en gros beim Hersteller und vertreibt sie dann an verschiedene geeignete Verkaufsstellen wie Friseursalons.)

In England wusste jeder, was ein Tangle Teezer war. In Deutschland nicht. Also verhalfen Dani und Niki der Marke zu mehr Bekanntheit. (Zuvor hatten sie es mit einer Decke mit Ärmeln versucht, doch wie sich zeigte, kam diese nur bei wenigen Kunden an.) Dani und Niki hatten uns alles über ihr Geschäft erzählt, und wir wussten daher viel über die Wirtschaft, die wirkliche Welt und auch über das Geldverdienen. Offen gestanden beneideten wir sie sehr um ihren Erfolg.

Felix wusste auch, dass ich von handelsüblichen Haargummis immer Kopfweh bekam. Sobald er begriffen hatte, dass die Telefonkabelvariante dieses Problem lösen konnte, erwachte sein Interesse an der Idee.

»Also gut«, sagte Felix am Telefon. »Erzähl mir mehr.«

2.

Haargummi für Mädchen aus Telefonschnur

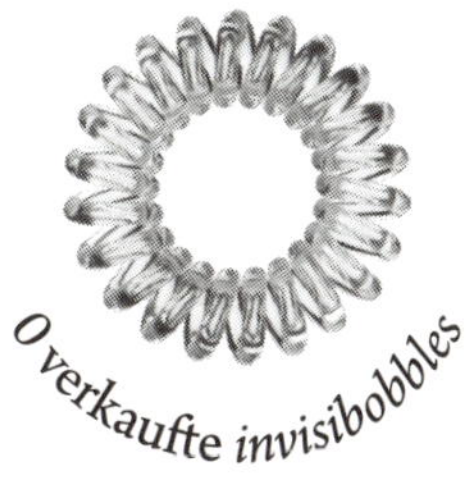

Was ich gelernt habe:

- Ein Produkt mit einem ganz neuen Namen steht bei Google an erster Stelle (anfangs zumindest).
- Als Studenten hatten wir mit der Gründung eines Unternehmens nichts zu verlieren.
- Wer sich viel Kapital beschafft, macht immer besonderen Eindruck. Es geht aber auch ohne.

2012 waren Haargummis noch einfache textilbezogene Gummiringe, die in der 30-Stück-Packung für etwa 1 Euro zu haben waren – eine alltägliche Notwendigkeit, die Frauen verwendeten, um ihr Haar zum Pferdeschwanz zu binden oder die Zöpfe ihrer Kinder zu fixieren. Sie waren billige No-Name-Produkte – und definitiv nicht haarfreundlich.

Mir verursachten sie nicht nur Kopfschmerzen. Die Gummienden waren meist mit einem kleinem Stückchen Metall zusammengeschweißt, in dem sich meine Haare verfingen. Manchmal bildeten sich deshalb kleine Knoten auf meinem Kopf, und ich zog dann an meinem Pferdeschwanz, um sie zu glätten. Dadurch entstanden jedoch gewöhnlich noch mehr Unebenheiten. Mit dem Telefonkabel war mir das ganz anders vorgekommen. Meine Haare wurden ganz glatt zusammengehalten.

Als ich mit dem Kabel herumprobierte, fiel mir noch etwas auf: Wenn ich es herauszog, gab es keine Abdrücke. Ich habe langes, feines, blondes Haar, und herkömmliche Haargummis hinterließen darin immer einen hässlichen Knick. Wie ich wusste, hatten andere – bei ganz unterschiedlicher Haarstruktur – das gleiche Problem.

Über die Weihnachtsferien und Anfang 2012 entwickelten Felix und ich uns zu wahren Experten für Telefonkabel. Wir stellten fest, dass sie unterschiedlich dick waren, manche ganz rund, manche aber auch auf der Innenseite abgeflacht. Instinktiv dachte ich, die runde Variante würde besser aussehen und haarschonender sein.

Wir brauchten jemanden, der das Kabel für uns fabrizieren konnte, und zwar ohne die Stromdrähte. Einen Hersteller, der in der Lage war, die Enden des Kabels zu verschweißen. Von Anfang an wollten wir ein Produkt kreieren, das sich von handelsüblichen Haargummis grundlegend unterschied. Es musste aus einem elastischen Kunststoff mit glatter Oberfläche bestehen. Es sollte formbeständig sein und sich im Haar gut anfühlen.

Man kann aber nicht einfach »Telefonkabel ohne Draht« googeln und dann eine Menge brauchbarer Treffer erwarten. Und es ist auch nicht dasselbe, als würde man eine neuartige Büroklammer erfinden. Es gab noch andere spiralige Produkte – Spiralblöcke, Slinkys (das sind diese spiralförmigen Spielzeuge, die eine Treppe »hinuntertanzen« können), Duschschläuche –, doch alle hatten Metallkomponenten, die wir nicht brauchen konnten.

Wir suchten bei Alibaba, einer riesigen chinesischen Version von Amazon, wo man praktisch alles kaufen kann, vom lebenden Hummer bis zum ferngesteuerten Vibrator. Dort fanden wir rund 15 potenzielle Hersteller und mailten sie mit folgender Betreffzeile an: »Haargummi für Mädchen aus Telefonschnur.« Wir dachten damals, das mache am besten klar, worum es uns ging: ein spiraliges Haargummi, das aussah wie ein Telefonkabel.

Schließlich stießen wir auf einen Typen namens Liang, der Telefonschnüre und die dünnen Kabel herstellte, die von Bodyguards verwendet wurden. Wir konnten ihn überreden, unsere ersten Prototypen herzustellen. Dazu war ein bisschen Verhandlungsgeschick erforderlich, da Produzenten offenbar oft Mindestbestellmengen haben. Ich schrieb ihm eine E-Mail und griff dabei ein paar Zahlen aus der Luft.

ORIGINALNACHRICHT

Von: Sophie Tvede
An: "趙 李"
Gesendet: Montag, 6. Februar 2012, 07.46.46 UTC+0800
Betreff: RE: RE: Haargummi für Mädchen aus Telefonschnur

Hallo Liang,

teilen Sie mir doch bitte mit, wie viele Tage die Lieferung der Muster in Anspruch nimmt und wann Sie sie versenden können. Dann überweise ich das Geld innerhalb der nächsten 24 Stunden via PayPal.

Sagen mir die Produkte zu, erteile ich einen Probeauftrag über 15 000 Stück. Stellt mich diese Lieferung zufrieden, bestelle ich 200 000 Stück.

Vielen Dank.

Sophie Trelles-Tvede

Ein paar Wochen später trafen die Musterhaargummis für Mädchen aus Telefonschnur in meinem Wohnheim in Warwick ein. Es waren runde Haargummis aus einem telefonkabelähnlichen Material, das an den Enden verschweißt war. Sie hatten unterschiedliche Stärken und Größen, manche waren aus abgeflachtem Kabel gefertigt, andere aus rundem.

Und alle sahen furchtbar aus.

Ich hatte mir kleine, bunte, spiralige Haargummis vorgestellt, die sich glatt anfühlten und niedlich waren. Diese waren in kränklichem Gelb und gräulichem Grün gehalten. Sie waren superelastisch, hatten eine raue Oberfläche und rochen nach Chemie. Doch etwas anderes hatte ich nicht. Also musste ich sie zumindest ausprobieren.

Vor dem Spiegel band ich mir die Haare damit hoch und wackelte mit dem Kopf.

Das Haargummi hielt.

Ich legte den Kopf zur Seite und schüttelte ihn kräftig, als hätte ich Wasser in den Ohren.

Das Gummi hielt.

Ich wirbelte kraftvoll im Kreis herum wie eine Kugelstoßerin bei den Olympischen Spielen.

Das Gummi saß.

Dann machte ich ein paar Headbanging-Bewegungen. Dabei schlug mir zwar schmerzhaft der Pferdeschwanz ins Auge, doch das Haargummi saß bequem und rutschte nicht. Vielleicht war der Prototyp noch ein bisschen schwer, doch mit ein paar kleinen Änderungen konnte daraus ein richtig gutes Produkt werden. Ich ließ das Testgummi eine Stunde lang im Haar, und als ich es herauszog, bildeten sich keine unschönen Wellen. Vor allem aber bekam ich keine Kopfschmerzen.

Ich rief Felix an. (Er hatte kurze Haare und musste mir vertrauen.)

»Die Telefonschnurgummis funktionieren, hörst du«, sagte ich.

»Cool. Packen wir's an. Ganz oder gar nicht.«

Von Anfang an hatte sich Felix dafür stark gemacht, auf KEINEN FALL irgendwo einen kleinen Laden aufzumachen, der doch nur eine Lachnummer sein würde. Wir hatten kein kleines Geschäft im Sinn, das man zum Spaß betrieb, sondern ein Unternehmen, von dem wir leben konnten. Wir wollten es versuchen, und zwar zusammen.

Ich glaube, aus 99 Prozent aller Ideen wird nichts. Ich hatte immer gedacht, wenn man sein eigenes Unternehmen gründen will, müsse man Folgendes tun:

- Einen Bachelor-Abschluss machen. Zu sich selbst finden. Herausfinden, wo die eigenen Interessen liegen (Dauer: drei Jahre).
- Anschließend einen Master-Abschluss machen. Sich eingehender mit beruflichen Vorstellungen auseinandersetzen (Dauer: ein Jahr).
- Sich daraufhin einen tollen Job suchen. Geld verdienen. Für finanzielle Sicherheit sorgen (Dauer: 25 Jahre).
- Und schließlich: Das Unternehmen gründen, von dem man vor langer Zeit als Studentin geträumt hatte (und was inzwischen vermutlich schon ein anderer getan hatte, sodass die Aussichten eher schlecht sind).

Das war meine Einstellung, und ich glaube, viele Menschen denken ähnlich. Meiner Erfahrung nach geht es jedoch auch anders.

Wir waren 18, als ich auf die Idee mit den Haargummis kam. Im Januar 2012, als wir das Unternehmen gründeten, wurde ich 19. Hätte ich erst 25 Jahre lang Karriere gemacht, wäre das Haaraccessoire-Unternehmen sicher nie gegründet worden. Je älter man ist, desto größer sind die wirtschaftlichen und persönlichen Risiken. Hätten wir abgewartet, hätte vermutlich entweder jemand anderer das Spiralhaargummi erfunden oder ich wäre zu dem Schluss gekommen, dass die Idee zu albern war, um meine berufliche Laufbahn dafür aufs Spiel zu setzen.

Unser Haargummi-für-Mädchen-aus-Telefonschnur-Produkt war ja auch irgendwie albern, doch ich glaubte daran. Bevor wir es allerdings auf dem Markt groß rausbringen konnten, brauchten wir noch einen Namen. Mir schwebte ein ganz neues Wort vor, das feminin klang, nett, lustig, und dabei auch noch verriet, wofür das Produkt gut war.

Es musste auch ein Name sein, bei dem noch keine Suchergebnisse aufschienen, wenn man ihn googelte. Hatten wir den Markennamen erfunden und die Leute würden das erste Mal davon hören, sollte er ganz oben auf der Seite erscheinen.

Felix nahm mich beim Wort.

Eines Abends saß ich im Schneidersitz in meinem Zimmer und textete mit ihm auf meinem BlackBerry (einem Smartphone-Typ, den es inzwischen nicht mehr gibt). Das lief ungefähr folgendermaßen ab:

Felix: Ich hab den perfekten Namen!

Ich: !

Felix: No Trace.

Ich: So soll er heißen, meinst du???! Das sind aber ZWEI Wörter, nicht eins.

Felix: Ja! Er hinterlässt keine Spuren, deshalb NoTrace. Kapiert?

Ich: Nein. Ich will ein neues Wort erfinden, nicht zwei bekannte kombinieren!

Felix: TraceFree?

Ich: Das ist doch im Grunde dasselbe! Trace und Free gibt es auch schon.

Felix: Dann ElastiTrace!

Ich: 😬

Ich schrieb unsere Vorschläge auf. Die Liste war nicht besonders inspirierend.

No-TrAce
TraceFREE
ElastitrACE
HairKindly
SpiralhAIR

Da fiel mir ein, dass meine englische Freundin Hope »Hair Bobbles« sagte, wenn sie Haargummis meinte. Das hatte ich schon immer lustig gefunden. Ich dachte: Dieses Produkt hinterlässt keine sichtbaren Spuren. Dazu kam mir an einem Februarabend das Wort »invisible« in den Sinn: unsichtbar. Schnitt man die Endung »le« ab und fügte es mit »Bobble« zusammen, wurde »*invisibobble*« daraus – das Haargummi, das keine Abdrücke hinterlässt.

Ich saß noch immer auf meinem Bett und googelte »*invisibobble*«.

»Meintest du: *invisible bubble*?«, fragte Google zurück – »unsichtbare Blase?« Ich klickte auf den ersten Treffer dafür und gelangte auf eine Website, auf der stand: »Jeder Mensch hat eine unsichtbare Blase um seinen Körper. Diese Blase bestimmt, wie nah jemand kommen darf, bevor man sich unwohl fühlt, und begrenzt auch den eigenen Abstand zu anderen.«

So sehr sich das auch nach einer Superkraft anhörte, wie ich sie gerne hätte – mit einem spiraligen Haargummi hatte es absolut gar nichts zu tun.

Für »*invisibobble*« gab es keine Treffer. *Null* Ergebnisse!

Vielleicht würde mir das Wort »*invisibobble*« ja erhalten bleiben, dachte ich. Vielleicht auch nicht. Aber wenn doch, dann sollte ich mich an diesen Moment erinnern, fand ich.

Für Felix war »*invisibobble*« akzeptabel – allerdings nur als zweite Wahl nach all den genialen Vorschlägen, die er gemacht hatte. Doch wir überlegten uns trotzdem schnell, wie unser Logo aussehen könnte. Um »*invisibobble*« leichter lesbar zu machen, verwendeten wir verschiedene Grüntöne für »Invisi« und »Bobble« und gestalteten den Schriftzug mit einer billigen Studentenversion von Photoshop. Darunter schrieben wir noch »The traceless hair ring« – das Haargummi, das keine Abdrücke hinterlässt –, was bis heute auf unserer Verpackung steht.

Die Palette von Waren, die man käuflich erwerben kann, reicht von so komplexen wie Atomreaktoren bis zu ganz primitiven wie Faustkeilen, und das *invisibobble*-Spiralhaargummi ist definitiv näher am Faustkeil. Trotzdem ist es eine gute Erfindung. Das erkannten viele meiner Freunde aber nicht gleich. Anfangs machten sie sich sogar über mich lustig.

Nach ihrer Meinung gefragt, wussten sie nicht so richtig, was sie davon halten sollten.

»Sieht ein bisschen wie eine missglückte Sprungfeder aus.«

»Verheddert sich das nicht in deinen Haaren?«

»Hat dir jemand auf den Kopf gekotzt?«

Es sei hässlich, meinten die Leute, weil sie die Farben der Prototypen nicht mochten. Auch wirke es nicht besonders modisch, fanden sie. Es war eben einfach eine seltsame Idee, sich etwas ins Haar zu binden, das aussah wie eine Telefonschnur. So etwas hatte noch keiner gemacht.

An der Uni hatten ein paar Leute 28 000 Euro Beihilfe bekommen, um ein mit dem Internet verbundenes Leuchtmittel zu entwickeln, das sich über ein Smartphone dimmen ließ. Eine tolle Idee, und der Zuschuss erregte natürlich einiges Aufsehen. Für mein Produkt gab es kein Geld, und mein Umfeld reagierte bestenfalls skeptisch.

Haargummis sind ein funktionelles Produkt, das keine großen Gefühle auslöst – so ähnlich wie Klopapier. Mit Klopapier sind die Leute im Großen und Ganzen zufrieden, wenn der Hintern damit einigermaßen sauber wird. Man braucht es, doch es macht keine besondere Freude, es zu kaufen.

Wir hatten die Chance, aus einem Haargummi – einem Accessoire mit ähnlichem Sexappeal wie Klopapier – etwas Magisches zu machen. Etwas, was den Menschen gefiel und mit Lust gekauft wurde – auch wenn es etwas teurer war.

3.

Herr Bernhard stolpert über unsere Website

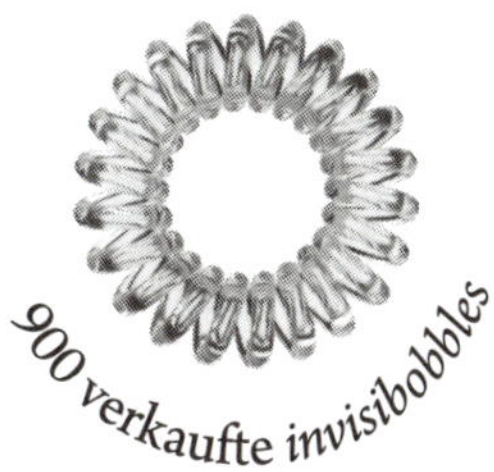

Was ich gelernt habe:

- Zu viel Auswahl schreckt Käufer ab.
- Ein Start-up erfordert die richtige Mischung aus Kreativität und Effizienz.
- Es kann ein Vorteil sein, nichts über die Branche zu wissen, in die man einsteigen will.

Trotz der negativen Reaktionen war ich mit viel Elan bei der Sache. Doch es war Felix, der richtig Druck machte. Wenn ich ihn in Bath besuchte und ausgehen wollte, nachdem wir den ganzen Tag hart am *invisibobble* gearbeitet hatten, saß er noch lange wach, um dem Logo den letzten Feinschliff zu geben oder den Text für unsere Website zu formulieren.

Im Winter vor Studienbeginn hatten wir beide als Skilehrer gearbeitet – ich in der Schweiz, wo ich sehr ordentlich bezahlt wurde, und Felix in Österreich, wo er kaum etwas verdient hatte. Ich hatte damals 25 Schweizer Franken (über 23 Euro) pro Stunde plus Trinkgeld bekommen und nicht einmal Steuern abführen müssen, weil ich unter der jährlichen Mindestverdienstgrenze blieb.

Jeder von uns hatte rund 1800 Euro gespart. Allerdings hatte Felix dafür wesentlich härter gearbeitet als ich. Wir hätten aber nie gedacht, dass wir einen großen Brocken unserer Ersparnisse für Tausende winziger bunter geringelter Plastikteile ausgeben würden, die schließlich in einem Container aus China eintrafen.

Doch genau das taten wir, denn als wir endlich mit den Prototypen zufrieden waren, zahlten wir dem Alibaba-Mann für den ersten Auftrag über 15 000 *invisibobbles* rund 3600 Euro. Für uns war das damals eine Rieseninvestition – umso mehr, als uns alle anderen auslachten. Doch wir waren uns unserer Sache sicher. Neue Schuhe oder ein Urlaub konnten warten: Das war eine Idee, die einschlagen würde.

Im Preis war die Verpackung inbegriffen, denn wir hatten uns etwas Besseres einfallen lassen müssen, als unsere Haargummis einfach an ein Stück Pappe zu tackern. Ich hatte gesehen, dass Nagellack in zwei Farben in kleinen Ziploc-Beutelchen angeboten wurde, und fand das sehr ansprechend. Also schickten wir Liang eine solche Packung zur Ansicht und baten ihn, 5000 Stück davon zu produzieren. Wir gaben auch größere Beutel für fünf und zehn Haargummis in Auftrag und ließen ihn die Webadresse aufdrucken, die wir kaufen wollten: *invisibobble*.com.

Das alles musste schnell gehen, denn nicht nur Felix saß uns mit seinem Ehrgeiz im Nacken, sondern es stand auch ein wichtiger »echter« Termin an: die Hair & Beauty in Frankfurt. Das war eine große Fachmesse, die von Einkäufern und Salonbesitzern besucht wurde und auf der alles angeboten wurde, von Extensions bis hin zur Ladeneinrichtung. Danis und Nikis Vertriebsunternehmen New Flag war dort mit einem Stand für Tangle Teezer vertreten, und für uns würde das eine tolle Chance sein, *invisibobble* in der Friseurbranche bekannt zu machen. Bis zur Messe hatten wir noch zwei Monate.

Am Samstag, dem 17. März 2012 um 1:49 Uhr schickte mir Felix eine E-Mail: »Wir brauchen diese Haargummis UNBEDINGT, bevor mein Bruder und Niki zur Friseurmesse fahren. Das wäre ein richtig guter Einstieg für uns«, schrieb er. Fünf Tage später kam noch eine E-Mail:

Von: Felix Haffa<felix@invisibobble.com>
An: Mich
Gesendet: Donnerstag, 22. März 2012, 1:23 Uhr
Betreff: hihihi, schau mal, von welcher Adresse das kommt

Ach, Felix. Wir waren zusammen, seit wir uns mit 15 in der Schule in Zürich kennengelernt hatten. Bevor wir zusammenkamen, hielt ich ihn für einen gutaussehenden Typen, der immer mit ein paar engen Freunden herumhing. Ich glaube, ich habe ihn damals nicht ein einziges Mal lächeln sehen. Ich fand seine ganze Gruppe ziemlich einschüchternd und ein bisschen arrogant.

Doch dann fuhren wir zusammen auf Klassenfahrt zum Gardasee nach Italien, kamen ins Gespräch, und als ich ihn näher kennenlernte, merkte ich: Er war gar nicht arrogant – nur introvertiert. Zurück in Zürich bat er mich um ein Date.

Felix sagt, er hielt mich für schüchtern und hübsch und hätte sich nicht getraut, mich anzusprechen. Er war immer sehr ehrgeizig und verzichtete sogar darauf, sich mit Freunden zu treffen, um stattdessen zu lernen. Ich war in der Schulzeit die Geselligere. Doch in einer Hinsicht glichen wir uns: Wir lernten beide am besten allein. Er ist außerdem der ambitionierteste Mensch, den ich kenne. Alles muss absolut perfekt sein. Und dann noch einen Ticken besser. Machen wir heute mit einem Produkt 1 Million US-Dollar Umsatz, sagt Felix: »Warum nicht 2 Millionen?« Erfahren wir, dass ein Geschäft nicht läuft wie geplant, liegt er mir damit dreimal täglich in den Ohren – so lange, bis alles geregelt ist.

Es war schon immer Felix, der dafür sorgte, dass Dinge erledigt wurden. Ich bin eher die Kreative. Mein Fokus liegt sehr stark auf der Pflege unserer Marke und auf der langfristigen Planung. Felix dagegen geht es mehr um die Zahlen und darum, *jetzt gleich* Gewinn zu erzielen. Für eine erfolgreiche geschäftliche Partnerschaft braucht man beides, denke ich – obwohl es natürlich immer wieder für Konfliktstoff sorgt.

Doch da standen wir, im März 2012, hatten von Tuten und Blasen keine Ahnung, denn wir waren ja noch Teenager, und warteten darauf, dass unsere 15 000 kleinen Kunststoffspiralen und 5000 winzigen Tüten von einem Typen namens Liang irgendwo in China 8000 Kilometer weit zu Felix' Elternhaus nach München geliefert wurden, wo wir die Osterferien verbringen wollten.

Damals hatten unsere kleinen Haargummis gerade mal 2,5 Zentimeter Durchmesser, und es gab sie in 27 verschiedenen Farben. Für diese dachten wir uns fantasievolle Namen aus wie Submarine Yellow, weil das Gelb so schön knallig war, oder Turtle Green für eine schlammiges Grün oder Space Blue für einen leuchtenden Blauton.

Heute wissen wir: 27 Farben und drei Verpackungsgrößen waren für den Anfang viiieeel zu viel. In Supermärkten steigen nachweislich die Verkaufschancen für ein Produkt, je kleiner die Auswahl ist. Gibt es Marmelade beispielsweise nur in drei Geschmacksrichtungen – Erdbeer, Himbeer und Aprikose –, ist die Wahl schnell getroffen. Stehen dagegen 20 verschiedene Erdbeermarmeladen, 20 Himbeermarmeladen, 20 Aprikosenmarmeladen und noch verschiedene Obstmischungen zur Auswahl, ist der Käufer so überfordert, dass er am Ende oft gar nichts kauft.

So oder so, als die Lieferung eingetroffen war, breiteten wir 15 000 Haargummis im Wohnzimmer von Felix' Eltern auf dem Fußboden aus und sortierten sie in einem großen bunten Regenbogen nach Farben auf dem Teppich. Weil der Platz nicht reichte, mussten wir Tische, Sessel und Sofas immer weiter zur Wand schieben.

Wir saßen auf dem Boden, krochen zwischen den verschiedenen Stapeln hin und her und verpackten sie zu zwei, fünf und zehn Stück in verschiedenen Farbkombinationen in die Tütchen mit dem *invisibobble*-Logo. Außerdem befüllten wir noch größere Packungen mit jeweils fünf oder zehn schwarzen Spiralgummis. Das ganze Haus roch wie eine Kunststofffabrik. Nach drei Tagen kam Felix' Vater herein, der uns bis dahin aus dem Weg gegangen war.

»Packt das bloß ALLES WEG!«, schrie er und lief ein wenig rot an.

Ich glaube, Felix' Eltern war nicht klar, was wir da Revolutionäres erfunden hatten. Und schon gar nicht begriffen sie, wieso wir uns so sicher waren, dass spiralige Haargummis zum absoluten Renner werden würden. Zum Glück hatte Felix' Bruder in München für New Flag einen Lagerraum angemietet. Nachdem wir unsere 15 000 Haargummis fertig verpackt hatten, erlaubte uns Dani, sie dort zu unterzubringen.

Wir hatten einen Namen, wir hatten ein Produkt – nun brauchten wir noch eine Website. Wir verwendeten eine Software von Shopify und fotografierten Freundinnen mit verschiedenfarbigen *invisibobbles* im Haar. Unser Logo sah aus wie der schildkrötengrüne *invisibobble*, und auf unserer Homepage lockte eine Präsentation mit mehreren Bildern: *invisibobbles* im Pferdeschwanz einer Freundin, ein mehrfarbig sortiertes Zehnerpaket, ein Stapel roter, schwarzer und gelber Haargummis und schließlich ein Bild mit neun aufgetürmten schildkrötengrünen Haargummis, die aussahen wie ein Haufen zusammengerollter Raupen.

Es gab Informationen über das Produkt, die Farben, einen »Über-uns«-Abschnitt, die Versandmöglichkeiten nach Deutschland, Österreich und die Schweiz und eine FAQ-Seite mit häufig gestellten Fragen. Die Seite wirkte wirklich ziemlich professionell.

Am Tag, als sie online ging, kam prompt die erste Bestellung.

Ein Deutscher namens Uwe Bernhard hatte ein Fünferpack verschiedenfarbiger *invisibobbles* für 8,49 Euro bestellt und die Standard-Versandkosten von 1,99 Euro gezahlt – also insgesamt 10,48 Euro.

Herr Bernhard war zufällig über unsere Website gestolpert, hatte sich durchgeklickt und beschlossen, eine Bestellung aufzugeben. Ein fantastisches Gefühl – halb: »Heilige Scheiße, das ist absolut stark, ganz unglaublich, ab in den Mixer, scheiß drauf, kotz drauf – ein solches Gefühl gibt's auf der ganzen Welt nicht noch mal« (eine kleine Anleihe bei Lady Gaga, die so ähnlich ihre Gefühle für den Regisseur Ryan Murphy beschreibt), halb lachten wir uns schlapp, weil ein Mann unbekannten Alters mit unbekannter Frisur und unbekanntem Beruf unsere *invisibobbles* gesehen und gut gefunden, seine Kreditkarte gezückt und sich einen Packen gekauft hatte.

Natürlich glaubten wir an den *invisibobble,* doch letztlich waren wir nur zwei unterforderte Teenager, die keine Ahnung hatten, was sie taten. Und plötzlich hatten wir an irgendeinem Typen 10 Euro verdient! Wir kriegten uns gar nicht wieder ein. Liebevoll legten wir die winzige Packung *invisibobbles* mit einem handgeschriebenen Lieferschein und einer Dankeskarte in eine kleine Pappschachtel. Wir hofften, wenn Herr Bernhard *invisibobbles* kaufte, würden es auch andere tun.

Und tatsächlich trudelten danach weitere Bestellungen ein – an guten Tagen machten wir zwischen 50 und 70 Euro Umsatz. Wir wussten aber, dass es nicht kosteneffektiv war, kleine Bestellungen über eine Website zu versenden. Wenn wir mehr Geschäft machen wollten, mussten wir einen Vertriebspartner finden. Dani und Niki schlugen vor, ihren Tangle-Teezer-Lieferungen an Friseursalons Gratispacks beizulegen in der Hoffnung, dass sie Anklang fanden und die Kunden bald auch *invisibobbles* bestellen würden.

Was wir damals nicht wussten: Salons sind vertraglich oft an einen großen Hersteller wie L'Oréal oder Schwarzkopf gebunden und dürfen Shampoo und andere Produkte nur von diesen Unternehmen verkaufen, die Marken wie Kerastase oder Redken herstellen. Doch Haarschmuck fiel nicht unter diese Regelung, sodass es kein Problem war, an Friseure heranzukommen.

Hätten wir diese »Regeln« gekannt oder überhaupt mehr über die Kosmetik- oder Haarbranche gewusst, hätte uns das womöglich davon abgehalten oder auf den Gedanken gebracht, es könne falsch sein, den Tangle Teezers Päckchen mit *invisibobbles* beizulegen. Doch wir waren ja damals praktisch noch Kinder und wussten das alles nicht. In Wirklichkeit wussten wir so wenig, dass uns das Ausmaß unseres Unwissens gar nicht bewusst war.

Den Friseuren gefielen die *invisibobbles,* die wir ihnen mit den Tangle Teezers mitschickten, und weil die Haargummis nicht viel Platz wegnahmen, fand sich im Salon oft ein Plätzchen dafür. Wir boten 100 Stück für 51 Euro an und stellten kostenfrei eine Art Goldfischglas zur Verfügung, in dem sie präsentiert werden konnten. So konnte eine Kundin nach dem Friseurbesuch schnell noch eine Packung Haargummis mitnehmen. Die knapp 5 Euro für einen Dreierpack *invisibobbles* fielen angesichts dessen, was sie für den Haarschnitt oder die tolle Föhnfrisur löhnen musste, kaum ins Gewicht.

Und auch wenn es für Felix' Vater eine echte Geduldsprobe war: Wir standen mit unseren Haargummitütchen pünktlich zur Messe in Frankfurt parat. Ich konnte nicht dabei sein, weil meine Prüfungsphase in Warwick anfing, doch was dann passierte, war wirklich unglaublich. Mein Vater war selbst Unternehmer und wollte wissen, wie sich unser *invisibobble*-Geschäft anließ. Also hielt ich ihn auf dem Laufenden.

Von: Mir
An: Tvede
Gesendet: Donnerstag, 17. Mai 2012, 12:56 Uhr
Betreff: Kurzes Update

Auf der Messe in Frankfurt war einer, dem zehn Friseursalons gehören, mit Connections zu über 600 Friseuren in Deutschland. Der interessiert sich sehr für unsere Haargummis.

Die Bedingungen sind für uns zwar nicht so günstig, doch wenn das klappt, wäre es eine tolle Sache, denn dann würden unsere Haargummis in 600 verschiedenen Salons im ganzen Land angeboten. Das wäre ein Supereinstieg. Für uns würde das viel Publicity bedeuten – und bessere Chancen, unser Produkt an große Kaufhäuser zu vermarkten! Alles total spannend.

Sophie

Der Friseur war Rick Vahr. Er bestellte mehrere Hundert *invisibobbles* für seine eigenen Salons. Verkauften sie sich gut, könnte er seinen Vertriebsleuten Muster mitgeben, um sie weiteren Friseurgeschäften anzubieten, denn unsere Produkte sind ja schön handlich. Lief das gut, würde er mit uns vielleicht einen Vertriebsvertrag für alle 600 Salons abschließen. Wir wollten schließlich 15 000 *invisibobbles* unter die Leute bringen, also mussten wir uns ordentlich ins Zeug legen.

4.

Mein Vater setzte Haus und Hof

23 000 verkaufte *invisibobbles*

Was ich gelernt habe:

- Was andere so denken, kann ganz schön nerven.
- Manchmal kriegt man aber auch Anregungen, auf die man selbst nie gekommen wäre (vielen Dank an die Friseurin Debbie!).
- Eine Haargummifee gibt es nicht.

In den ersten neun Monaten dachte ich nur darüber nach, ob unsere Haargummis wirklich einschlagen würden und wie man sie möglichst optimieren konnte. Ich wollte vermeiden, dass die Leute unsere *invisibobbles* nur kauften, weil sie (im positiven Sinne) flippig oder ausgefallen waren, aber dann nicht gern benutzten. Unsere *invisibobbles* mussten einfach perfekt sein.

Ich habe langes, feines, typisch nordeuropäisches Haar, und ich wollte unbedingt wissen, wie unser Produkt mit anderen Haartypen funktionierte. Damals bestand unsere Fokusgruppe aus einer Person – mir. Deshalb verteilte ich die Haargummis an der Uni an andere Studentinnen und schaute mir an, wie sie sie benutzten.

Dabei lief gewöhnlich ungefähr folgendes Gespräch ab:

Ich: »Hi, kennst du schon dieses neuartige Haargummi?«

Studentin: »Das soll ein Haargummi sein? Verheddert sich das nicht?«

Ich: »Möchtest du es kostenlos ausprobieren?«

Studentin: »Kostenlos? Na klar! Hm, vermutlich lasse ich es sowieso bald irgendwo liegen.«

Ich: »Würde es dir etwas ausmachen, es gleich hier in meinem Beisein zu verwenden?«

Studentin: »Okaaayyyy.«

Erfindet man etwas absolut Neues, wird man richtiggehend besessen von der Frage, wer es verwendet, und wie. Und wenn ich besessen sage, dann meine ich besessen. Als uns in einem Park in München erstmals eine Frau über den Weg lief, die einen *invisibobble* trug, verfolgten Felix und ich sie eine ganze Strecke mit weit aufgerissenen Augen und hochgezogenen Augenbrauen und klatschten uns hinter ihrem Rücken ab.

Andere konnten uns bei unserem kleinen Siegesritual beobachten, sie selbst sah uns aber nicht. Ihr könnt euch gar nicht vorstellen, was das für ein Gefühl war – zu wissen, da hat jemand euer Produkt entdeckt und Geld dafür ausgegeben.

Ganz im Ernst: Wenn ich Leute sah, die unser Produkt verwendeten, wollte ich unbedingt wissen, ob sie es genauso gut fanden wie ich: bequem zu tragen und leicht herauszunehmen. Ein paar Wochen später sah ich dieselben Studentinnen, denen ich die *invisibobbles* kostenlos überlassen hatte, auf dem Campus wieder und stellte fest, dass sie ihre *invisibobbles* noch trugen – allerdings am Handgelenk, wie ein Armband. Genau wie ich. Das hatten wir zwar eigentlich nicht beabsichtigt, doch alle machten es so.

Dass *invisibobbles* am Handgelenk getragen wurden, zeigte, dass sie gern verwendet wurden, und zwar genauso wie andere Haargummis auch, obwohl sie anders aussahen. Das ließ mich glauben, dass dieses Produkt gut ankam, obwohl viele, denen ich davon erzählte, anderer Meinung waren. Jedes Mädchen hatte seine Methode, sich das Haar hochzubinden, und war angeblich zufrieden damit. Und ein Haargummi war für sie immer noch ein Artikel wie Klopapier: eine langweilige Notwendigkeit.

Anfangs ließ die Qualität unserer Haargummis noch zu wünschen übrig. Sie leierten schnell aus. Wir mussten also weiter daran arbeiten. Trotzdem wusste ich, dass ich zwei Probleme gelöst hatte – Abdrücke und Kopfschmerzen –, und ich redete mir ein: Wenn das Produkt für mich einen Mehrwert hatte, dann sicher auch für andere.

Mir war aber klar, dass wir in Erfahrung bringen mussten, was Fachleute von unseren Haargummis hielten. Und da kamen die Friseure ins Spiel. Wir hatten festgestellt: Das Produkt hinterließ nicht nur keine Abdrücke und verhinderte Kopfschmerzen, sondern es beschädigte das Haar beim Abstreifen nicht. Deshalb waren die Friseure begeistert und erzählten ihren Kunden davon. Und wir konnten »haarschonend« auf unsere Verpackung schreiben.

Die meisten Friseure bestellten ein- bis zweimal im Monat nach – doch von einer Kundin namens Debbie kamen die Aufträge zweimal die Woche. Vielleicht hatte sie ja einen Riesensalon mitten in der Stadt, der Tag und Nacht geöffnet war? Oder besonders fähiges Verkaufspersonal?

Ich schickte Felix am 3. September 2012 folgende SMS:

Ich: Schon wieder Debbie!

Felix: Wie viel hat sie diesmal bestellt?

Ich: Ganze 300 Pack.

Felix: Isst sie das Zeug etwa? Wie Gummibärchen?

Wie sich herausstellte, war sie eine ganz normale Friseurin in einer ganz normalen deutschen Kleinstadt, doch sie verwendete die *invisibobbles* auf eine Weise, die wir nicht in der Peilung hatten: für Updos nämlich. Ließ sich jemand bei ihr die Haare schneiden, bot sie ihm kostenlos eine Hochsteckfrisur mit unseren Plastikgummis an. Debbie konnte mit nur einem *invisibobble* eine Frisur zaubern, für die sie sonst drei herkömmliche Haargummis und 15 Metallklammern gebraucht hätte.

Interessant. Ich hatte einen klaren Vorteil des Produkts im Sinn gehabt, nämlich keine Kopfschmerzen. Felix hatte ebenfalls ein klares Ziel vor Augen: ein Produkt, das sich im großen Stil vermarkten ließ – und das wollte er zudem möglichst effizient produzieren. Von den Friseuren kamen dann all die anderen Aspekte – dass es durch die glatte Oberfläche haarschonend war und dass man kreative Frisuren damit gestalten konnte. Sie entwickelten unser Geschäft für uns weiter!

Das spielte bald eine entscheidende Rolle, denn wir arbeiteten mit Debbie zusammen und luden Videos mit verschiedenen Frisuren auf YouTube hoch. Für neue Produkte ist der richtige Content von großer

Bedeutung. Felix ist kein Haarfetischist – ganz bestimmt nicht, das könnt ihr mir glauben! Er ist Geschäftsmann und wusste genau, warum die Arbeit mit Debbie so wichtig war. Wir arbeiten bis heute mit Friseuren zusammen, und ihre YouTube-Tutorials werden regelmäßig zigtausendfach aufgerufen. Wie sich zeigen sollte, gibt es verdammt viele Debbies da draußen.

An einem Tag, etwa einen Monat nach der Frankfurter Messe standen Felix und ich wieder im Haus seiner Eltern und verpackten *invisibobbles* (diesmal im Keller). Felix checkte seine E-Mails. Es war eine neue Nachricht von Rick gekommen – dem Kerl mit den 600 Friseursalons. Der Probelauf war erfolgreich gewesen, und er wollte eine Bestellung aufgeben. Wir konnten es kaum fassen: Ein seriöser Geschäftsmann sah das Potenzial unserer Produkte – keine sechs Monate, nachdem wir den *invisibobble* erfunden hatten. Wir machten uns ans Werk. Es war ein bisschen wie in *Schneewittchen und die sieben Zwerge*, als die Zwerge fröhlich die Edelsteine einpackten, die sie geschürft hatten, dazu »Heiho« sangen und im Takt der Melodie marschierten.

Wir bestellten noch ein paar Goldfischgläser bei Amazon, ließen *invisibobble*-Aufkleber drucken und brachten einen Nachmittag damit zu, sie auf die Gläser zu kleben. Diese füllten wir anschließend mit *invisibobbles* in verschiedenen Farben und packten weiter kleine Tüten mit jeweils fünf oder zehn Stück. Dann hüllten wir die Gläser vorsichtig in Papier und steckten sie in Kartons, die wir am nächsten Tag zur Post bringen wollten. Es waren insgesamt zehn Pakete, und als wir sie abgeschickt hatten, informierten wir Rick per SMS.

Er antwortete drei Tage später. Etwa die Hälfte unserer liebevoll eingewickelten Gläser war in Scherben angekommen. Für uns hieß das: Zurück in den Keller und noch einmal von vorn. Diesmal verwendeten wir Blisterfolie und festere Kartons. Wir merkten bald, dass es mehrere Sorten Karton gab (wer hätte das gedacht?) und dass wir sogenannten doppelwandigen brauchten, bei dem jede Wand durch zwei Schichten Wellpappe verstärkt war. Dass wir beim Verpacken Fehler gemacht hatten, kostete uns Zeit und Geld, doch diese Fehler machten uns klar, wie wichtig Details sind. Bekanntlich steckt darin der Teufel …

Rick bestellte weiter, und wenn ein Auftrag einging, schrieb ich eine Rechnung – solche Dinge erledigte ich während der wenigen Vorlesungen, zu denen ich mich noch aufraffte. Vielleicht nahmen die Dozenten an, dass ich mir Notizen machte. Mitstudenten grinsten, wenn sie mich sahen, und meinten ironisch: »Oh, Sophie, dass du uns mal wieder mit deiner Anwesenheit beehrst!«

Wenn ich Vorlesungen schwänzte, bekamen das die Dozenten eigentlich gar nicht mit. Seminare ausfallen zu lassen, war schon schwieriger. Anfangs bat ich eine Freundin, auf den Anwesenheitslisten meine Unterschrift zu fälschen, was eine Zeit lang funktionierte. Das Problem dabei: Die Dozenten kannten unsere Namen noch nicht, also griffen sie auf die Anwesenheitslisten zurück, wenn sie eine Frage stellen wollten. Fehlte man öfter als dreimal, schrieb die Universität die Eltern an. Also musste ich zumindest ein paar Seminare besuchen, doch ich legte die Regeln so großzügig aus, wie ich konnte.

Dann kamen die Sommerferien, und ich fuhr mit meiner Freundin Hope und ein paar anderen Mädels nach Barcelona. Damals merkte Hope, was mir *invisibobble* bedeutete. Ich kannte Hope aus der Schule in Zürich. Sie war meine beste Freundin – und wir waren schon immer sehr ehrlich zueinander gewesen. Wenn wir morgens verkatert aufwachten und sich die anderen auf den Weg zum Strand machten, war ich »echt ätzend«, wie sich Hope ausdrückte.

»Ich muss noch was erledigen«, erklärte ich.

»Was zum Geier musst du denn unbedingt AUSGERECHNET JETZT erledigen?«, wollte Hope wissen.

»Ich muss ein paar Rechnungen schreiben.«

Hope lachte über mich, wie ich in Word Rechnungen tippte, als PDFs abspeicherte und dann per E-Mail an Kunden verschickte, die *invisibobbles* gekauft hatten. Ich aber wachte um 6 Uhr morgens total aufgeregt auf, um zu prüfen, ob wieder neue Bestellungen eingegangen waren, und dann die Rechnungen zu erstellen.

Inzwischen belief sich unser Bestellwert schon auf 100 bis 500 Euro am Tag. Wenn wir Glück hatten, war ein Auftrag über mehr als 1000 Euro dabei. Für eine 19-Jährige, die sich im ersten Studienjahr selbstständig machen wollte, waren das gewaltige Summen – wie für jeden Unternehmer mit einer kleinen Klitsche wie unserer. Doch wir machten von Anfang an Gewinn: Innerhalb weniger Monate hatten wir so viel verkauft, dass unsere ursprünglich investierten 3700 Euro wieder drin waren. Das verdiente Geld steckten wir in die Produktion weiterer *invisibobbles*, um noch mehr Aufträge auszuführen.

Für meinen Vater waren das lächerliche Beträge.

Ihr müsst wissen: Mein Vater hatte keinen konventionellen Job. Er war selbstständig und hatte im Grunde immer gemacht, was er wollte, und Erfolg damit gehabt. Er hatte ein Händchen für den Rohstoffhandel. Ich war noch ein Kind, als er einmal vom Telefon kam und mir erzählte, er habe einen Haufen Baumwolle gekauft. Zwei Wochen später wollte ich wissen, wo denn die ganze Baumwolle blieb.

Ich: »Wann kommt denn die Baumwolle, Papa?«

Mein Vater: »Die Baumwolle wird nicht geliefert.«

Ich: »Warum hast du sie dann gekauft?«

Er: »Ich habe sie nur für kurze Zeit gekauft und kann sie hoffentlich in zwei Monaten wieder verkaufen.«

Ich: »Wozu soll denn das gut sein?«

Er: »Na ja, wenn der Preis steigt, solange mir die Baumwolle gehört, kann ich sie mit Gewinn weiterverkaufen.«

Ein andermal saß ich im Schlafanzug in der Küche, schaute *SpongeBob* im Fernsehen und aß ein Brot, als mein Vater hereinkam und sich zu mir setzte. Er war ganz blass um die Nase.

Ich: »Geht's dir nicht gut?«

Mein Vater: »Ich habe gerade Haus und Hof verwettet.«

Ich: »Worauf?«

Er: »Tja, die türkische Lira ist ins Bodenlose gestürzt, und jetzt kriege ich richtig hohe Zinsen und tolle Renditen, wenn ich sie kaufe.«

Ich will nicht auf die Details des Devisenhandels eingehen. Lassen wir es dabei bewenden, dass mein Vater manchmal hohe Summen auf Währungen setzte und seine Wetten nicht immer gewann. Damals hatte er aber Glück. Also wandte ich meine Aufmerksamkeit wieder *SpongeBob* zu.

Bei den Geschäften meines Vaters ging es gewöhnlich um hohe Summen, sodass es ihn nicht besonders beeindruckte, wenn ich mit Plastikhaargummis ein paar Hundert Euro verdiente. Er verstand auch nicht, warum sich jemand mehr als einmal eine Packung *invisibobbles* kaufte. Erst als er immer häufiger Frauen sah, die sie im Haar oder am Handgelenk trugen, wenn er auf dem Flughafen Schlange stand, begriff er allmählich, dass sie gefragt waren und dass es Leute gab, die sie in verschiedenen Farben (und später auch in verschiedenen Größen) haben wollten. Mein Vater war in der Welt weiblicher Accessoires eben einfach nicht zu Hause.

Er dachte auch nicht darüber nach, wie das Hühnchen, das auf seinem Teller lag, in den Supermarkt gekommen war oder wo seine Zahnpasta hergestellt wurde. Ich glaube, für ihn waren solche Dinge eben einfach da. Als wäre das Sofa in unserem Wohnzimmer wie durch Zauberkraft erschienen – als habe Gott mit dem Finger geschnippt und gesagt: »Und hier ist jetzt eure Couch.«

Physische Güter erfordern einen hohen logistischen Aufwand. Wie hoch, können Menschen, die mit virtuellen Gütern wie Software oder Finanzprodukten arbeiten, verständlicherweise nicht beurteilen. Deshalb werde ich immer noch manchmal gefragt, ob das denn ein Vollzeitjob sei – als würden *invisibobbles* von der Haargummifee in die Läden gezaubert.

5.

Plötzlich 22

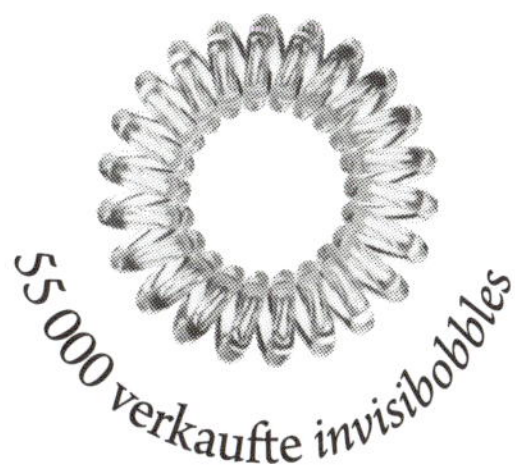

Was ich gelernt habe:

- Wenn man zwar ein eigenes Unternehmen hat, aber wie ein Kind aussieht, wird man nicht immer ernst genommen.
- Auch ein Produkt, das merkwürdig aussieht, kann sich durchsetzen.
- Das Thema Verpackung mal ganz anders anzugehen, ist manchmal absolut erfolgsentscheidend.

Im September 2012, als für Felix und mich das zweite Studienjahr begann, wurde klar, dass wir uns besser organisieren mussten. Wir hatten mit unseren *invisibobbles* bereits über 50 000 Euro umgesetzt, vor allem mit Friseuren im Vereinigten Königreich und in Deutschland. Bis zum Jahresende wollten wir das Geschäft entweder richtig groß aufziehen oder aufgeben und etwas ganz anderes machen.

Ich hatte mein erstes Jahr im Wohnheim zwar überlebt – trotz Gefängnispritsche, verstopfter Toiletten und flauschiger weißer Gewächse in der Küche –, aber dennoch beschlossen, mit zwei Mädchen und zwei Jungs in eine viktorianische Doppelhaushälfte in Leamington Spa zu ziehen – einen vornehmen Ort, der für seine Regency-Architektur aus dem frühen 19. Jahrhundert bekannt war.

So hässlich mein Wohnheimzimmer auch gewesen war, zumindest hatte es einen rechteckigen Grundriss. Eine typische Eigenheit britischer Architekten sind aber verwinkelte Strukturen wie Erkerfenster. Rechte Winkel sind eher selten, was es schwierig macht, Möbel aufzustellen. Mein Zimmer lag im Erdgeschoss und ging zur Hauptstraße hinaus – ein großer Nachteil. Ich quetschte meinen Schreibtisch in das Erkerfenster, sodass mich jeder, der vorbeikam, da sitzen sehen konnte. Ich wiederum schaute mir die Passanten an, wenn ich dort an meinem Haargummigeschäft oder gelegentlich für mein Studium arbeitete.

Außerdem wusste ich bald alles, was in Leamington Spa so abging.

Nicht selten wurde ich nämlich um 2 Uhr morgens von Gesprächen wie dem folgenden geweckt:

Betrunkene, laute Studentin 1: »Ich kann gar nicht glauben, dass ich den fitten Phil geküsst habe!«

Betrunkene, laute Studentin 2: »Krass – in den bist du doch schon ewig verknallt!«

Betrunkene, laute Studentin 1: »Du kapierst nicht – zehn Minuten später ist er mit Titten-Tina abgezogen.«

Betrunkene, laute Studentin 2: »Die konnte ich noch nie leiden.«

Ich hörte alles mit.

In München hatten unsere Freunde Dani und Niki währenddessen für New Flag ein Büro gemietet, das direkt neben dem Nachtclub »Call Me Drella« lag. Drella war der Spitzname, den sich Andy Warhol selbst gegeben hatte – eine Symbiose aus Cinderella und Dracula –, und der Club war berühmt für seine Kunst- und Showdarbietungen und dafür, dass man sich *wirklich* in Schale werfen musste, um eingelassen zu werden – sehr praktisch, denn so konnten die beiden, wenn sie bis in die Nacht gearbeitet hatten, vom Büro gleich in den Club übersiedeln.

Dani und Niki hatten ihre Freundin Lisa eingestellt, um den Bürokram zu erledigen, Rechnungen zu schreiben und dafür zu sorgen, dass die Löhne pünktlich überwiesen wurden. Ihr Schreibtisch war eine umgedrehte Holzkiste – schief und krumm und mit Splittern, die sich in ihre Maus bohrten. Danis Schreibtisch sah aus wie eine riesige Schatztruhe und war so groß, dass er mit einem Kran durchs Fenster ins Büro befördert werden musste. Als ich später in diesem Büro arbeitete, hatte ich einen Schreibtisch, der aussah wie die Tragfläche von einem Flugzeug.

Wie bei vielen Start-ups lief auch bei New Flag der Betrieb anfangs noch nicht ganz rund. Kurz nach ihrem Eintritt saß Lisa allein mit einem Stapel ungeöffneter Post im Büro. Sie öffnete den ersten Brief.

New Flag GmbH
Max-Joseph-Straße 7
80333 München

2. Oktober 2012

Sehr geehrte New Flag,
im Anschluss an unsere letzten schriftlichen Mahnungen vom 2. Juli, 2. August und 2. September 2012 zur Zahlung des **überfälligen Betrags von 14 Euro** haben wir unser externes Inkassounternehmen beauftragt, den ausstehenden Betrag zum unten angegebenen Termin einzutreiben.

2. November 2012
10:00 Uhr

Nichterfüllung wird strafrechtlich geahndet.

Mit freundlichen Grüßen

Druckerei München

Lisa schaute nach. Es war der 2. November 2012, 9:40 Uhr. In 20 Minuten würde der Schuldeneintreiber vor der Tür stehen. Sie rief Dani an.

»Hi, hier Lisa.«

»Oh, hi. Wie läuft's?«

»Na ja, ich habe da diesen Brief aufgemacht, und IHR KOMMT IN DEN KNAST, WENN IHR NICHT IN 20 MINUTEN HIER AUFSCHLAGT.«

Es ging noch mal gut, weil Lisa die auf dem Brief angegebene Nummer wählte und der Druckerei die 14 Euro zahlte und kein Inkassofuzzi auftauchte. Doch auf solche Dinge muss man wirklich achten, wenn das Geschäft in Schwung kommt, denn auch kleine Beträge können die

Bonität beeinträchtigen, wie wir später herausfinden sollten. Das Lustigste an der Geschichte war aber, dass sich der Druckauftrag auf ein Schild für den Schreibtisch bezog – mit der Aufschrift: »Mein Lieblingsjob ist CEO.« Lol.

In unserem Freundeskreis waren Niki und Dani als die Jungs bekannt, die Haarbürsten aus Plastik vertrieben und uns jetzt bei unserem Haargummigeschäft unterstützten. Lisa erzählte mir, dass sie die Haargummis damals zwar irgendwie cool fand, aber definitiv potthässlich. Die Farben waren scheußlich (U-Boot-Gelb war kein Renner), und die Form einfach merkwürdig. (»Wieso sollte man sich eine Schlüsselkette ins Haar binden?«)

Viele neue Trends kommen einem zunächst geschmacklos vor – wie Neon-T-Shirts, Plateauschuhe oder klobige Sneaker. Doch hat man sich erst einmal daran gewöhnt, sind sie plötzlich cool. Hinzu kam, dass *invisibobbles* am Handgelenk getragen wurden, in Lisas Worten eine äußerst effektive Werbefläche, denn da fielen sie auf.

Wir wussten auch schon, wie wir unser Produkt von allen anderen damaligen Haargummiangeboten abheben und zu etwas ganz Besonderem machen konnten, was es so noch nie gegeben hatte und was sich meiner Ansicht als grundlegend für den Erfolg des *invisibobble* erweisen würde: durch unsere Verpackung.

Wie schon gesagt, waren Haargummis als Produkt nicht besonders sexy, und wir verkauften sie anfangs in durchsichtigen kleinen Ziploc-Plastikbeuteln, die optisch kein Gewinn waren. Ich wusste, wir mussten uns etwas einfallen lassen, was ins Auge stach. Also hatte ich in den Sommerferien damit begonnen, kleine quadratische und rechteckige Schachteln zu basteln – für einen, drei, sechs, zehn oder fünfzig *invisibobbles.*

Die Schachteln waren als Vorlage für eine durchsichtige Version gedacht, die sicher niedlich aussehen würde – irgendwie nach Bonbon.

Eine scheinbar so kleine Änderung an der Art und Weise, wie Haargummis angeboten wurden, sollte sich als revolutionärer Schachzug erweisen – als Merkmal, das uns inzwischen zu Rentabilität, Kultstatus und Wiedererkennungswert verholfen hat.

Unsere Verpackung trug zum Charakter des *invisibobble* bei. Wir konnten unseren Haargummis lustige Namen geben – statt grün »mint to be«, statt rosa »blush hour« –, und wir konnten auf allen sechs Seiten des Würfels kreativ vermitteln, was an unseren Haargummis anders war.

Wir hatten auch lustige Ideen für die Präsentation in den Friseurgeschäften. Als ich Felix übers Wochenende in Bath besuchte, schnitten wir die ganze Zeit über Cereal-Schachteln zusammen und bastelten am idealen Display. Das Endergebnis war ein eckiger Aufsteller mit Pappstufen, auf die 24 unserer süßen Würfelchen passten – fast dasselbe Design, wie wir es heute verwenden. Online machten wir einen Hersteller ausfindig und bestellten zunächst einmal 300 Stück. Wir arbeiten immer noch mit ihm zusammen, und inzwischen ist *invisibobble* sein größter Einzelkunde.

Felix und ich hatten Kontakt zu Vertriebsfirmen im Vereinigten Königreich aufgenommen und einen Termin bei einem Typen in Nordengland bekommen – in einer Kleinstadt, von der wir noch nie gehört hatten. Vertriebspartner sind für Unternehmen wie unseres, die Produkte herstellen, absolut unverzichtbar, denn sie verfügen über Händler- oder Salonnetze, an die sie ihr Sortiment verkaufen, und die richtige Vertriebsstrategie kann viel zum Wachstum eines Unternehmens beitragen.

Am Abend vor dem Gespräch fuhren wir mit dem Zug in den Norden, und auf dem schmalen Bett in unserem Hotel übten wir, was wir sagen wollten. Wir waren bei WHSmith gewesen und hatten uns den tollsten Füller aller Zeiten gekauft, weil wir dachten, damit würden wir erwachsener und professioneller wirken als mit einem Kugelschreiber aus

Plastik. Wir stellten uns ein Szenario wie bei *Die Höhle der Löwen* vor: Vier Geschäftsleute, die mit gespanntem Gesichtsausdruck dasaßen, während wir unsere Plastikhaargummis anpriesen. Und nach unserer Präsentation würden sie sich darum prügeln, bei uns zu investieren.

Weit gefehlt.

Der Termin fand in einem kleinen, unbeheizten Raum statt, und von dem Vater-und-Sohn-Gespann war zunächst nur der Sohn anwesend. Dieser schien jedoch durchaus beeindruckt vom *invisibobble,* und schließlich gesellte sich auch der Vater hinzu.

»Hayya, ich bin Pi-ah«, sagte er, und dann wohl noch: »Mann, ist das kalt, da muss man ja den Mantel anlassen.«

Er hieß Peter, und was er sonst sagte, verstanden wir kaum, denn er sprach einen ausgeprägten nordostenglischen Dialekt. Er meldete sich aber während unserer Präsentation immer wieder mit ähnlichen unverständlichen Einwürfen zu Wort.

Die meiste Zeit über schien es, als interessiere er sich überhaupt nicht für uns. Warum sollte er auch? Schließlich sah unser Produkt sehr seltsam aus und war teurer als handelsübliche Haargummis. Doch je mehr wir erzählten, desto klarer wurde ihm, dass wir unser Konzept gut durchdacht hatten, und dass es für sein Vertriebsteam kein Problem sein würde, nebenher noch etwas zu verdienen, indem sie zusätzlich zu ihren Shampoos und anderen Haarprodukten – den sogenannten »Wet Lines« – auch *invisibobbles* anboten. Am Ende des Gesprächs entschuldigte sich Pi-ah für sein Gemeckere und für die Kälte und erklärte, seiner Ansicht nach hätten wir Potenzial. Unser Mann und sein Sohn aus dem Nordosten schlossen mit uns einen Vertriebsvertrag für ihre Region.

Wir waren damals erst 19, sahen aber ehrlich gesagt eher wie 15 aus (Spätzünder eben), und ich glaube, dass uns manche auf den ersten Blick nicht so ganz ernst nahmen. Wir kamen uns irgendwie lächerlich vor – als würden Kinder eine Präsentation vor Erwachsenen halten –, und wir fanden, unser Alter sollte wenigstens mit einer zwei anfangen. Also erzählten wir künftig allen, wir seien 22.

Man glaubte uns nicht immer, und manchmal mussten wir zurückrudern und zugeben, dass wir noch Teenager waren. Doch oft reagierten die Leute auf Anhieb recht positiv, und manche dieser frühen Geschäftsbeziehungen bestehen bis heute. Der Typ, der unsere Klarsichtverpackungen herstellt, sagt immer, er habe sich am Anfang unserer Zusammenarbeit gefühlt wie unser Großvater.

Nun hatten wir zwar unsere Verpackung, unsere Präsentation und auch so etwas wie ein Büro in München (New Flag überließ uns einen Schreibtisch), doch *invisibobble* war erst ein paar Monate alt (inzwischen schrieben wir Herbst 2012), und wir waren noch nicht mehr als ein windiges Start-up. Felix und ich trafen uns mit Vertriebsleuten, erteilten mehr Aufträge an unseren Alibaba-Hersteller und verbrachten ziemlich viel Zeit damit, Pakete mit Produkten zu versenden. Dann gingen wir wieder an die Uni zurück und versuchten, unseren Stoff dort nachzuholen. Doch um der Wahrheit die Ehre zu geben: Ich würde sagen, ich widmete damals 80 Prozent meiner Zeit dem *invisibobble* und 20 Prozent meinem Studium. Nicht sehr ausgewogen, um es freundlich auszudrücken. Eigentlich gar nicht ausgewogen. Oft wachte ich nachts um drei panisch auf, weil ich einen Aufsatz abgeben musste oder weil mich die Frage quälte, was aus dem *invisibobble* werden konnte – und wie wir das bewerkstelligen könnten.

Da unsere Produkte so winzig sind, fanden Dani und Niki in ihrem Lager am Stadtrand von München Platz für unsere Kisten, und die Lieferungen aus China kamen ebenfalls dort an, bevor sie dann von New Flags Lageristen an die Vertriebsstellen weitergeschickt wurden.

Ende 2012, nach unserem ersten Geschäftsjahr, hatten wir rund 81 000 Euro Umsatz erzielt und schrieben schwarze Zahlen. Ein Gehalt genehmigten wir uns aber definitiv nicht – der gesamte Gewinn floss wieder in *invisibobbles,* um den Lagerbestand aufzustocken.

Die Resonanz auf das Produkt war weiter sehr durchwachsen. Andere hätten vielleicht aufgegeben (denn das tun viele), doch obwohl manche den *invisibobble* für albern hielten, wollten wir es wissen.

Felix musste sich bezüglich des Potenzials unserer Haargummis nach wie vor auf mich verlassen, denn sie waren ein stark auf Frauen fokussiertes Produkt – und als solches meine Leidenschaft. Doch wir wollten weitermachen. Unser Ziel für 2013 war, ins internationale Geschäft einzusteigen. Yay!

6.

Wasserschaden in Leamington Spa

80 000 verkaufte *invisibobbles*

Was ich daraus lernte:

- Kotze kann Rauchmelder auslösen.
- Kenne deine Käufer: Termine mit Einkäufern wollen gut vorbereitet sein.
- Ein eigenes Unternehmen zu gründen, gehört zu den schrecklichsten Erfahrungen, die man machen kann.

Es dauerte eine Weile, bis wir das Verpackungsproblem im Griff hatten. Doch im März 2013 hatten wir uns auf unsere zuckersüßen Plastikwürfel mit jeweils drei *invisibobbles* umgestellt, von denen Friseure in unseren Pappaufstellern 24 Stück präsentieren konnten. In Deutschland verkauften wir sie zunächst für 4,20 Euro, erhöhten den Preis aber bald auf 5 Euro. Im Vereinigten Königreich boten wir sie für 5 Pfund (5,55 Euro) an.

Wir hatten im ersten Jahr zwar einen ordentlichen Umsatz erzielt, waren aber immer noch sehr klein. Durch unsere Beziehung zu New Flag betrieben wir unser Unternehmen mehr oder minder gemeinschaftlich. Unsere *invisibobbles* wurden von Friseuren im Vereinigten Königreich und in Deutschland verkauft, waren aber nach wie vor ein Nischenprodukt. Wir brauchten einen Einzelhändler.

Dani und Niki stellten uns einen Kontakt zu einer großen britischen Drogeriemarktkette her, die Interesse bekundete, uns aber lieber als Zulieferer gehabt hätte: Soll heißen, sie wollten unsere Haargummis unter ihrer Eigenmarke verkaufen.

Unter einer Eigenmarke versteht man, wenn ein Laden seine eigene Version eines Produkts anbietet. So kann man beispielsweise bei Tesco (der größten Supermarktkette Großbritanniens) für umgerechnet etwa 3 Euro eine große Flasche Heinz-Tomatenketchup kaufen, aber für circa 1 Euro auch eine große Flasche Tomatenketchup der Tesco-Eigenmarke. Vermutlich hat Tesco einen Hersteller, der eine ganze Reihe von Produkten für die Eigenmarkenpalette herstellt, und fährt die Strategie, diese im Laden gewöhnlich billiger anzubieten als die Markenprodukte.

Dahinter steckt viel Psychologie. Oft kaufen die Leute lieber das Markenprodukt, beispielsweise von Heinz, als die Eigenmarke, weil Markenprodukte als qualitativ hochwertiger gelten. Das könnte an den Werbekampagnen liegen, aber auch daran, dass manche meinen, weil

Marken wie Heinz teurer sind als Eigenmarken, müssten sie auch besser sein.

Wir wollten aber nicht, dass unsere Haargummis als Eigenmarke eines Geschäfts unter dessen Markennamen verkauft und wie herkömmliche Haargummis an ein Stückchen Pappe getackert wurden. Teil der Idee hinter *invisibobbles* war, die Sparte Haargummis komplett zu verändern – aus einem Haargummi ein Produkt zu machen, dass Kunden gerne kauften, indem wir es anders gestalteten und vollkommen neuartig verpackten.

Jeder Einzelhändler, an den wir uns wandten, erklärte uns, wir seien verrückt, anzunehmen, dass sich dieses Produkt auch nur im Entferntesten dazu eigne, irgendwo Absatz zu finden. Warum sollte jemand 5 Euro oder 5 Pfund oder 8 Dollar (so viel kosten *invisibobbles* heute in den USA) für drei Plastikhaargummis ausgeben, wenn er jederzeit 20 herkömmliche Haargummis für 1 Euro, 1 Pfund oder 3 Dollar bekommen konnte?

Schließlich erklärte sich eine britische Kette bereit, mit uns zu sprechen. Um dem *invisibobble* einen seriöseren unternehmerischen Anstrich zu geben, nahmen wir Dani und Niki mit zu dem Termin. Wir sahen immer noch alle aus wie Kinder, doch Dani und Niki wirkten wenigstens wie etwas ältere Kinder.

Die Zentrale befand sich in einer Kleinstadt in Mittelengland, und viele der Menschen, die dort lebten, arbeiteten für den betreffenden Einzelhändler. Der Firmensitz war recht imposant: Alles wirkte sehr professionell und höchst beeindruckend. Wir und unsere Produkte kamen uns umso kleiner vor.

Als wir uns dem Empfangstresen näherten, sahen wir nur den oberen Rand eines Computerbildschirms und einen Wust glänzenden dunklen Haares, das fest in einen großen Donut-förmigen Dutt gebunden war – so groß wie ein Kinderfußball. Ich ging nervös auf den Dutt zu, als sich dieser vom Bildschirm wegbewegte und ein rundes freundliches Gesicht freigab, das ganz offensichtlich morgens aufwändig verschönert worden war. Ich meldete uns an, und die Dame tippte mit den längsten Fingernägeln, die ich je gesehen hatte, auf ihrer Tastatur herum.

»Setzen Sie sich doch bitte«, sagte sie. »Der zuständige Einkäufer ist gleich bei Ihnen.«

Wir nahmen Platz und kamen uns vor wie die jüngsten unerfahrensten Menschen im ganzen Haus. Die Atmosphäre in dem Unternehmen strahlte förmlich Effizienz aus – Damen in dunkelblauen Bleistiftröcken mit halbhohen Absätzen trafen sich mit den Vertriebsleuten der größten Kosmetikhersteller der Welt. Sie kamen von Firmen wie Procter & Gamble, von Milliarden-Dollar-Marken wie Olay und Pantene und von L'Oréal, zu dem alles Mögliche gehörte, von Maybelline bis zu Lancôme. Die meisten Leute, die dort Termine hatten, waren Anzugträger mittleren Alters, die von solchen Unternehmen kamen und im großen Stil Make-up, Shampoo, Zahnpasta, Windeln, Schmerzmittel, Rasierer, Parfum, Haarfärbemittel, Deo und Lotionen und Emulsionen aller Art verkauften.

Ihr Ziel war, so viele Produkte wie möglich in die Regale zu bringen und meterweise Regalfläche zu kaufen in der Absicht, die Produktkategorie zu dominieren. Schaut euch mal die Zahncremeabteilung in einem Supermarkt oder einem Drogeriemarkt an, dann wisst ihr, was ich meine.

Die Beziehungen zu den Einkäufern im Einzelhandel sind für eine Marke erfolgskritisch: Sie entscheiden darüber, ob sie die Produkte verkaufen wollen und wie viel Regalfläche sie ihnen zuteilen. Verkauft sich ein Produkt nicht, kann das Einkaufsteam damit drohen, es aus dem Programm zu nehmen. Darauf reagieren Hersteller manchmal mit einer großen Werbekampagne, um die Umsätze anzukurbeln, oder mit Preisnachlässen. Die Einkäufer haben Macht, und ein Termin beim

Einkäufer eines großen Einzelhändlers mit über 2000 Filialen im Vereinigten Königreich war für uns eine richtig große Sache.

Wir fielen auf wie bunte Hunde – eine Winzmarke, deren Vertreter nach ihrer eigenen lässigen Vorstellung von Eleganz gekleidet waren: Blazer und dunkle Jeans. Wir brauchten nicht lange auf den für uns zuständigen Einkäufer zu warten: Es war eine kompetente Mittzwanzigerin namens Julie, die uns begrüßte. Wir gingen durch einen langen Gang mit Besprechungszimmern, und sie ließ uns vor einem dieser Räume Platz nehmen, um sich »mit uns zu unterhalten«.

Sie machte einen strengen, tüchtigen Eindruck. Bei großen Ketten liegt der Schwerpunkt auf den betrieblichen Abläufen. Die Waren müssen in der richtigen Menge zur rechten Zeit von A nach B kommen, und das Unternehmen muss sicherstellen, dass Lieferanten auch in der Lage sind, seine Anforderungen zu erfüllen.

Wir versuchten, das alles in unserer Präsentation zu berücksichtigen, die bei den Zahlen ultragenau war. Unsere Einkäuferin war zwar knallhart, aber nicht abgeneigt. Sie verstand, dass wir ein junges Unternehmen mit einem neuen Produkt waren. Wir gingen mit einem positiven Eindruck aus dem Gespräch. Sie versprach, sie würde wegen eines Probelaufs auf uns zukommen.

Wir fuhren mit einem optimistischen Gefühl an die Uni zurück, mussten uns dort aber richtig reinknien und uns auf unsere akademischen Leistungen konzentrieren. Ich konnte kaum an etwas anderes als an die Einkäuferin denken. Ob sie es mit dem Probelauf für den *invisibobble* wirklich ernst meinte? Wie aufregend! Dabei hätte ich meine Nase eigentlich in Bücher stecken und mir Managementbegriffe einbläuen sollen. An manchen Tagen schwirrte mir der Kopf, weil ich so viel zu tun hatte. Wirklich entspannt fühlte ich mich nur ganz selten. Der Stress wuchs.

Ein paar Monate später, in den Osterferien, war ich mit ein paar Kommilitonen in den Schweizer Bergen. Wir wollten ein paar Tage Ski fahren und machten gerade Mittagspause, als mein Handy klingelte. Felix war dran: »Sie wollen den *invisibobble* listen! Gerade kam die Bestätigung.«

Ich bekam feuchte Augen. Schnell entschuldigte ich mich bei den anderen, ging um die Ecke und ließ die Tränen fließen. Einer der ganz großen Einzelhändler hatte sich bereit erklärt, den *invisibobble* in sein Produktprogramm aufzunehmen. »Ist was passiert?«, fragte eine meiner Freundinnen. »Alles gut«, sagte ich. Mehr nicht.

Ich wollte das aus mehreren Gründen nicht in meinem Freundeskreis breittreten. Erstens sollte nicht der Eindruck entstehen, ich wolle angeben oder mich in den Vordergrund drängen, denn so war es nicht. Außerdem waren alle ganz auf ihre Prüfungen fokussiert, und auf ihren GPA (Grade Point Average – der Wert, der aussagte, wie schlecht oder gut man in der Prüfung abgeschnitten hatte). Der *invisibobble* war für sie daher kein Thema. Vermutlich hätten sie dazu keine Meinung oder würden nur verständnislos schauen. Deshalb sagte ich lieber gar nichts.

So eine Listungsbestätigung ist nichts weiter als eine Erklärung, dass ein Einzelhändler euer Produkt in sein Sortiment aufnehmen möchte – keine konkrete Bestellung. Wir mussten nun aushandeln, in wie vielen Filialen der *invisibobble* angeboten würde. Zudem mussten wir versuchen, den Einzelhändler zu einem möglichst großen Farbspektrum zu überreden. Das war im Frühjahr 2013. Etwa im Oktober sollte der *invisibobble* in die Läden kommen. Wir müssten unsere Lieferung an den Einzelhändler ungefähr im August auf den Weg bringen. Bis dahin hatten wir unser Produkt nur in Friseursalons vertrieben. Deshalb war es für uns ja so spektakulär, dass wir bei einem landesweit tätigen britischen Einzelhändler geführt wurden.

Seit dem Abend, an dem ich mir die Haare mit einer Telefonschnur hochgebunden hatte, waren kaum 15 Monate vergangen. Und jetzt sollten wir von einem nationalen Einzelhändler ins Sortiment aufgenommen werden! Trotzdem hatte ich nach wie vor das Gefühl, dass wir uns ranhalten und einen Gang zulegen mussten.

Das war aber gar nicht so einfach, wie sich herausstellen sollte. Ich hatte noch nie einen Nervenzusammenbruch, aber es gibt Momente im Leben, da zeigt die Angstkurve so steil nach oben, dass man es kaum aushalten kann. Dann reißt man sich zusammen und kämpft dagegen an, bis die Kurve wieder flacher wird. In meinem zweiten Studienjahr spürte ich, wie die Kurve anstieg. Ich wachte nachts um drei auf und konnte nicht mehr schlafen. Bald konnte ich mich nicht mehr konzentrieren und nichts mehr essen. Ich verlor Gewicht. Sprach mich einer falsch an, brach ich in Tränen aus, ganz gleich, worum es ging – und das passte gar nicht zu mir.

Im Mai 2013 rückten die Prüfungen näher. Wir steckten in abschließenden Verhandlungen mit der großen Drogeriemarktkette und arbeiteten außerdem noch mit verschiedenen Vertriebspartnern zusammen. Zwei weitere britische Einzelhändler zeigten sich interessiert, und das alles zusammen war einfach zu viel.

Liefert man die ersten Bestellungen an ein Vertriebsunternehmen, ist es immer ein gutes Zeichen, wenn man gar nichts hört. Lob darf man nicht erwarten. Schweigen ist schon das höchste der Gefühle. Doch bei uns trudelten erste Beschwerden über die Qualität ein. Oder darüber, dass wir nicht fristgerecht geliefert hatten. Ich hörte heraus: *Ihr seid scheiße, eure Produkte sind scheiße und zu teuer obendrein.*

Es ist aber etwas ganz anderes, ob man einen großen Vertriebspartner zu spät beliefert oder einen einzelnen Friseur, der online bestellt hat. Ist der Friseur sauer, hat man schlimmstenfalls *einen* vergrätzten Kunden. Geht es aber um eine Vertriebsgesellschaft, dann heißt es gleich: *Was zum Henker treibt ihr da?* Und in unserem Fall waren unsere Vertriebsstellen viel, viel größer als wir.

Und wir verbockten so einiges. Wir waren aus dem Nichts gekommen, hatten Vertriebsleute ins Boot geholt und wurden von einem nationalen Einzelhändler geführt. Das alles hatten wir quasi im Alleingang geschafft. Doch je höher man steigt, desto tiefer kann man fallen. Wir lernten zwar unheimlich viel und hatten Spaß dabei, machten uns aber im Grunde ständig Sorgen. Es war eine Achterbahnfahrt: mit aufregenden Höhepunkten, wenn wir einen neuen Vertriebspartner gefunden hatten oder einen Einzelhändler für uns interessieren konnten, aber auch mit rasanten Talfahrten, wenn im Geschäft etwas schiefgelaufen war.

Dann kam der Tag, an dem ich an der Uni meinen absoluten Tiefpunkt erreichte. Ich saß auf dem Campus in der Bibliothek und versuchte zu arbeiten, konnte aber nicht, weil mich die Angst lähmte. Ich war mal wieder seit 3 Uhr wach, hatte aber trotzdem noch keinen Hunger. Ich spürte den Stress im ganzen Körper – vor allem in den Knien. Ich musste immer wieder aufstehen und meine Beine ausschütteln, um das Gefühl loszuwerden. Ich ging ins Treppenhaus der Bibliothek, setzte mich auf eine Stufe und rief Felix an.

»Ich … ich … ich … kann einfach nicht mehr«, schluchzte ich. Es war die Art von Weinkrampf, bei der sich das Gesicht zur abstoßenden Fratze verzerrt und man kaum Luft holen kann. Ich war fix und fertig.

»Doch, du kannst. Du stehst das durch. Du hast eine Prüfung, wie alle anderen auch. Und du schaffst das.«

Das kam bei mir nicht gut an.

»Fick dich.« Ich legte auf.

Ich konnte gar nicht mehr aufhören zu weinen. Ich schluchzte so sehr, dass meine Schultern zuckten und mein ganzes Gesicht zerknautschte und rot anlief – als wolle mein Körper krampfhaft irgendetwas loswerden. Ich sah aus wie der Inbegriff der hässlichen Heulsuse, und in diesem Zustand musste ich mich über den Campus bis zur Bushaltestelle schleppen. Dort saß ich, wartete auf den Bus, und heulte immer noch. Der Bus kam. Ich stieg ein und heulte weiter. Eine halbe Stunde lang. Endlich erreichte ich mein gammeliges Zimmer in meinem beschissenen Haus, wo ich mich in Ruhe ausheulen konnte.

Ich würde sagen, meine Nerven lagen so blank, dass ich am Ende meines zweiten Studienjahrs einen guten Monat lang kurz vor dem absoluten Zusammenbruch stand.

Felix war zwar manchmal schwierig, doch ohne ihn hätte ich das Unternehmen nicht gründen können. Ganz allein hätte ich das nie geschafft. Ganz allein fühlte ich mich an der Uni. Dort verstand keiner, was ich durchmachte, und viele nahmen den *invisibobble* nicht ernst. »Ha, ein Haargummi – wie stressig kann das schon sein?« Auch als er schließlich in den großen Einzelhandelsketten auftauchte, sagten sie noch: »Du hast also ein Produkt entwickelt, und jetzt liegt es im Laden – was hast du damit also noch groß zu tun?« Inzwischen verstehen die Menschen in meinem Umfeld ein bisschen besser, dass der *invisibobble* mein Lebensinhalt ist und mich den ganzen Tag beschäftigt, jeden Tag – doch noch vor Kurzem wurde ich immer wieder gefragt: »Ist das dein Vollzeitjob?«

Felix und ich ergänzten uns gut. Er hatte mehr für sein Studium zu tun, sodass er jeden Monat ein paar Tage konsequent lernte, während ich mich um den *invisibobble* kümmerte. In meinem Studiengang kam lange, lange nichts … und dann der große Knall. Dann musste ich das Unternehmen ein paar Wochen lang links liegen lassen, und mich ganz aufs Studieren konzentrieren.

Das zweite Studienjahr neigte sich dem Ende zu, und für uns alle standen Prüfungen an. Felix und ich steckten außerdem mitten in den Verhandlungen darüber, wie viel die Drogeriekette bestellen würde. Sie erklärten sich letztlich bereit, *invisibobbles* in vier Farben anzubieten – schwarz, braun, weiß und blau –, und das in 250 Filialen. Wir waren begeistert, aber auch gewaltig im Stress, denn wir mussten gleichzeitig lernen und unsere Verhandlungen führen und dafür mehrfach während des Semesters nach Mittelengland fahren. Es war ein Haufen Papierkram zu erledigen. Eines der Formulare, die wir ausfüllen sollten, betraf die Bonität von New Flag. (Damals hielt New Flag 50 Prozent von *invisibobble*, weshalb auf allen offiziellen Dokumenten auch der Name New Flag auftauchte. Wir hatten beschlossen, dass New Flag bei Verhandlungen mit Partnern das Gesicht des Unternehmens sein sollte.) Also rief ich Niki an und fragte nach.

»Da wird nichts draus«, sagte er am Telefon.

»Wieso nicht?«

»Sie dürfen keine Bonitätsprüfung durchführen, da fallen wir durch.«

»Wie bitte?«

»Na ja, da war doch diese Rechnung, die wir letztes Jahr zu bezahlen vergessen haben …«

»Welche Rechnung? Um wie viel Geld ging es denn?«

»Um 14 Euro.«

Ich hatte überhaupt nicht damit gerechnet, dass es ein Bonitätsproblem geben könnte, doch – ihr erinnert euch – im November 2012 hatte Lisa diesen Brief geöffnet, der die überfällige Zahlung von 14 Euro anmahnte. Mir oder Felix hatte keiner davon erzählt, weil niemand ahnen konnte, dass das zum Problem werden könnte, doch so war es – und nicht zu knapp.

Diese eine vergessene Zahlung von 14 Euro für New Flag, um den Satz »Mein Lieblingsjob ist CEO« auf ein Schild zu drucken, hatte der Firma ein schlechtes Bonitätsrating eingetragen – und obwohl sie den Betrag gezahlt hatten, hatten sie keine weiße Weste mehr. Wir mussten tatsächlich einen Anwalt einschalten, um die Angelegenheit aus der Welt zu schaffen. Wie sich wohl so ein Anwalt vorkommt, der jahrelang studiert und danach nur mit großen Verträgen zu tun hat, wenn eine kleine Klitsche wie unsere vor der Tür steht und verlangt, dass er sich um eine Rechnung über 14 Euro kümmern soll?

Ich konnte auf dem Formular schlecht falsche Angaben machen. Ich musste also hinschreiben, dass New Flag ein schlechtes Bonitätsrating hatte. Dann rief ich die Drogeriekette an, um zu erklären, wie das passiert war. Zum Glück akzeptierten sie das. Ich wusste das nicht, aber solche scheinbar nebensächlichen administrativen Probleme spielten eine große Rolle. So ein schlechtes Bonitätsrating hat schon manches Start-up zu Fall gebracht. Die Gründer kümmern sich oft mehr um die »aufregenden« Dinge wie die Akquise, doch der Verwaltungskram ist nicht minder wichtig. Wie schon gesagt: Der Teufel steckt wirklich im Detail.

Meine Nachtruhe wurde nicht nur durch alkoholisierte Studenten gestört, die in Leamington Spa an den papierdünnen Fenstern meines Erdgeschosszimmers vorbei nach Hause wankten, auch meine eigenen Wohnungsgenossen gingen oft was trinken.

Weil ich so viele Vorlesungen und Seminarstunden verpasst hatte, musste ich viel nachholen und war ziemlich gestresst. Zwei meiner Mitbewohner waren einen Tag früher mit ihren Prüfungen fertig als ich, und ich bat sie inständig, leise zu sein, wenn sie vom Feiern nach Hause kamen, weil ich ja noch lernen musste und meinen Schlaf brauchte.

Mein Zimmer lag gleich neben der Eingangstür und nicht weit von der Küche, in der wir Partys gern ausklingen ließen. Ich ging früh ins Bett – mit Ohrstöpseln, für alle Fälle.

Um 6 Uhr morgens ging der Rauchmelder los.

Ich stand auf, taumelte schlaftrunken zur Tür und öffnete sie. Davor stand mein Mitbewohner Tim.

»Ich habe eine Blume für dich«, lallte er und streckte mir ein Gänseblümchen entgegen. Hätte er sich dabei nicht gegen den Türrahmen gelehnt, wäre er vermutlich umgefallen.

»Tim, das ist nicht lustig. Ich habe heute Prüfung. Ich hatte euch doch gebeten, leise zu sein. Zieh ab!«, schrie ich und hielt mir die Ohren zu, weil der Rauchmelder kreischte.

Der Alarm verstummte nicht, obwohl es nirgendwo rauchte. Stattdessen spuckte der Rauchmelder plötzlich Wasser. Besoffenen Kopfes griff Tim danach und riss ihn komplett von der Decke. Das Wasser lief aber weiter. Da im ersten Stock ein Badezimmer war, rannte ich hoch, um nachzusehen, ob einer die Dusche angelassen hatte oder die Wanne überlief.

Die Dusche war in Ordnung, doch im Bad roch es nach erbrochenem Alkohol. Wie sich herausstellte, hatte auch meine andere Mitbewohnerin Charlotte ihre letzte Prüfung am Vortag hinter sich gebracht und so gefeiert, dass sie nachts aufwachte, weil ihr schlecht wurde. Sie schaffte es nicht mehr bis zum Klo und reiherte in ihr Waschbecken. Damit der Abfluss nicht verstopfte, hatte sie das Wasser voll aufgedreht.

Das hatte aber nicht die erwünschte Wirkung, sondern es gab eine Überschwemmung. Das Wasser suchte sich einen Weg durch die Decke und landete im Rauchmelder. Deshalb musste ich an meinem letzten Prüfungstag um 6 Uhr früh im Flur verdünnte Kotze aufwischen – mit zwei betrunkenen Mitbewohnern, die keine Hilfe waren.

Solche Dinge passierten mir ständig. Und dann sollte ich bei den Geschäftsterminen, die ich für *invisibobble* wahrnahm, als superreife 22-Jährige mit einem internationalen Haargummilabel auftreten. Dabei watete ich in Wirklichkeit in Kotzwasser, balancierte bei meinen Vorlesungen und Seminaren auf einem schmalen Grat und stand ständig kurz vor dem Nervenzusammenbruch.

Meine Angstkurve zeigte erst etwa einen Monat nach meinen Abschlussprüfungen fürs zweite Studienjahr wieder nach unten. Dabei stand im Sommer schon das nächste Projekt an, das Felix und mir Kopfzerbrechen bereitete: die Palette.

7.

Die Palette auf dem Pflaster

Was ich gelernt habe:

- Der Vertrieb an Einzelhändler und deren Belieferung ist superkompliziert, superwichtig und superschwierig für Teenager – und für alle anderen auch.
- Es gibt Millionen von Frachtkürzeln, und nicht alle stehen im Wörterbuch.
- Dummheit schützt vor Strafe nicht. Es ist immens wichtig, die Anordnungen der Kunden richtig zu lesen und zu verstehen.

Unser Verhandlungsmarathon gipfelte schließlich in einer E-Mail von der britischen Drogeriemarktkette: Sie bestätigten uns ihre Bestellung einer Palette *invisibobbles*.

Wisst ihr, was eine Palette ist? Tja, wir wussten das nicht. Wie wir herausfanden, handelt es sich dabei um eine Unterlage für den sicheren Transport der Kartons mit Produkten. Sie besteht aus parallel angeordneten Holz- oder Kunststofflatten, von unten durch drei dickere Bretter stabilisiert. So eine Palette ist in etwa quadratisch, rund 20 Zentimeter stark und so konstruiert, dass sie von einem Gabelstapler aufgenommen und im Lager herumgefahren werden kann. Man muss seine Produkte genauso auf diese Paletten packen, dass diese auf Gabelstapler, in Laster und in Lagerhäusern auf die Regale passen.

Paletten sind eine richtig große Sache. Ein ganzer Industriezweig befasst sich nur damit – mit Unternehmen, die sich nur um Paletten kümmern, sie herstellen, reparieren, verwalten, beschaffen, überholen und wiederverwerten, Spezialanfertigungen nach Kundenvorgaben produzieren und Palettenbezugsdienste anbieten.

An so einer Palette ist wenig Spaßiges – so sehr ich mir das auch gewünscht hätte.

Paletten sind ziemlich einfach aufgebaut, kommen aber in rund 20 verschiedenen Formen und Größen vor, die für einen Normalverbraucher ziemlich ähnlich aussehen. Einzelhändler arbeiten mit unterschiedlichen Palettentypen. Man muss daher unbedingt die richtigen beschaffen, und es kann teuer werden, wenn man dabei irgendetwas falsch macht, wie wir feststellen mussten. Man weiß nie, was einem so alles bevorsteht, wenn man ein Unternehmen gründet, doch »Expertin für Palettenverpackung« gehörte eigentlich nicht zu den Attributen, die ich gern in meinen Lebenslauf schreiben wollte.

Doch unser Einzelhändler hatte eine Palette bestellt – und es war unsere Aufgabe, so viele Kisten mit *invisibobbles* wie möglich darauf unterzubringen, ordentlich zu befestigen und abzuschicken. So einfach war das. Wir freuten uns natürlich wie die Schneekönige über den Auftrag, doch dann kamen die ersten E-Mails, und wir mussten zahllose Formulare ausfüllen, auf denen zum Beispiel Folgendes stand:

MOQ

Menge innen

Menge außen

Palettentyp

EAN

Dann kam eine Zeile mit dreibuchstabigen Akronymen.

EXW / FCA / FAS / FOB / CFR / CIF / CPT / CIP / OAF / DDU / DDP / DES / DEQ / - Zutreffendes bitte ankreuzen

LOL. OMG. WTF?!

Wir fragten Dr. Google.

EXW = Ex Wife

FCA = Fat Chick Attitude

FAS = To Fail

Die Vorschläge aus dem Urban Dictionary – dem Onlinewörterbuch für Slangwörter – waren zwar witzig, aber nicht sehr hilfreich, denn eine Palette mit ruppigem »Fat-Chick«-Auftreten war kaum denkbar. Es kostete uns eine Menge Zeit, mit Hilfe von Wikipedia und einem Onlineglossar all die Akronyme zu entschlüsseln. Bei den dreibuchstabigen

Kürzeln handelte es sich um Versandklauseln, die angeben, wer wofür zuständig ist und wann die Ware in den Verantwortungsbereich des Käufers übergeht.

Innen bezog sich auf die Zahl der Packungen im Karton, außen auf die Zahl der Kartons pro Kiste und EAN stand für europäische Artikelnummer, womit der Strichcode gemeint ist.

Solche Formulare hatten wir zuvor noch nie ausfüllen müssen, weil die Friseure, die wir bisher belieferten, keine Strichcodes oder Chargenverfolgung gebraucht hatten. Bei Einzelhändlern dagegen muss alles mit Strichcodes dokumentiert sein, damit sie ihre Lagerbestände überwachen können.

Die Versandangaben mussten – und müssen – unbedingt stimmen, damit unsere kleinen Päckchen mit *invisibobbles* von der chinesischen Fabrik auf das richtige Schiff (damals wurden unsere Produkte allerdings noch eingeflogen) kamen, im richtigen europäischen Hafen und auf dem richtigen Laster landeten und rechtzeitig im richtigen Distributionszentrum eintrafen. Damit ein Paket auch dort ankommt, wo es hin soll, müssen Größe, Gewicht und Etiketten stimmen. Alles muss genau passen.

Also gut. Wir suchten uns auf Amazon einen Palettenlieferanten und bestellten eine Palette zu Felix' Eltern nach München, wo wir die Sommerferien verbringen wollten (unser »Lager« war nämlich ein kleines Zimmer, in dem keine Paletten bestückt werden konnten). Bevor wir die Palette aber mit unseren *invisibobbles* vollladen konnten, mussten wir diese in ihre süßen Klarsichtwürfelchen stecken – immer drei pro Stück. Inzwischen haben wir unsere Verpackung etwas abgewandelt, damit das eine Maschine übernehmen kann, doch damals trafen unsere Faltschachteln noch flach ein. Felix und ich machten ein Spiel daraus: Wir versuchten, innerhalb einer bestimmten Zeit so viele Faltschachteln wie möglich aufzuklappen und mit *invisibobble*-Würfeln zu füllen. Felix gewann meistens, doch das machte mir nichts aus. Die eintönige Arbeit fiel uns dadurch einfach leichter.

Wir trugen die Palette in den Keller und hatten viel Spaß dabei, unsere kleinen Packungen mit drei *invisibobbles* in Kartons und dann auf die Palette zu stapeln. Wir achteten darauf, dass jede Lage farblich sortiert war. Als wir die Kartons ordentlich aufgestapelt hatten, waren sie etwa 1,80 Meter hoch und einen knappen Meter breit und tief.

Wir mussten nicht nur so viele Packungen wie möglich auf dieser ersten Palette unterbringen, sondern sie auch noch ordentlich verpacken, damit sie heil und sicher am Ziel ankamen. In einem Lager gibt es dafür gewöhnlich eine industrielle Stretchmaschine, um sie mit Folie zu überziehen, doch da uns ein solcher Luxus nicht zur Verfügung stand, umwickelten wir sie händisch mit Folie, die wir im Supermarkt gekauft hatten. Wir brauchten den ganzen Tag, um die Palette zu bestücken, und gratulierten uns zu unserer Leistung, als wir fertig waren.

Dann kam Felix' Vater in den Keller.

»Wir haben gerade unsere allererste Palette gepackt«, verkündete Felix.

»Und wie wollt ihr die hier rauskriegen?«

»Hä?«

»Na, sie ist doch jetzt viel größer als vorher.«

Wir hatten die leere Kunststoffpalette hochkant in den Keller transportiert. Doch jetzt war sie voll beladen und würde auf keinen Fall durchs Treppenhaus und durch die Tür passen.

»Wie viele Packungen sind da drauf?«, wollte Felix' Vater wissen.

Es waren 19 200 Dreierpacks – also ganz genau 57 600 *invisibobble*-Haargummis auf unserer Palette.

Verdammter Mist.

Ich glaube, so dumm bin ich mir in unserer gesamten Unternehmensgeschichte nur einmal vorgekommen. Vielleicht sogar in meinem ganzen Leben. Wir mussten die Folie wieder abwickeln, die ganzen 19 200 Packungen im Keller wieder auspacken und dann alles auf den Bürgersteig vors Haus transportieren, weil wir die volle Palette nicht durch die Tür gekriegt hätten. Zum Glück war das Wetter schön, und beim zweiten Mal ging es auch ein bisschen schneller. Als wir fertig waren, setzten wir uns daneben, bis der Lkw kam, den wir angefordert hatten, um sie abzuholen. Er hielt an, der Fahrer lud unsere kostbare Palette mit dem Gabelstapler auf und fuhr davon.

Unsere 19 200 *invisibobble*-Packungen waren auf dem Weg in die Filialen eines der größten Einzelhändler Großbritanniens.

Das Ganze war ein bisschen so, wie wenn man seine Lieblingssachen in den Urlaubskoffer packt, der dann am Flughafen auf dem Laufband verschwindet: Man hofft, dass er am Ende der Reise unbeschädigt wieder auftaucht. Jedes der 57 600 Haargummis war doch irgendwie unser Baby, und jetzt konnten wir nur hoffen, dass sie die Reise von München ins Distributionszentrum irgendwo in Großbritannien gut überstehen würden. Unsere westliche Zivilisation würde unsere 19 200 Babys doch sicher heil über den Kanal befördern können!

Ein paar Tage später erhielten wir folgende E-Mail:

Von: Logistikteam
An: invisibobble
Gesendet: Donnerstag, 11. Juli 2013, 12:53 Uhr
Betreff: Ablehnung der Lieferung

Dies ist eine automatisch erzeugte Benachrichtigung über die Ablehnung der Lieferung folgender Güter.

Ref: INVISI-BT124567AJ

invisibobble: gemischtes Sortiment

Einheiten: 19 200

Angaben: Lieferfristüberschreitung

Bitte wenden Sie sich unter Angabe vorstehender Referenznummer an den Lieferdienst unter 0330 184 576.

Bitte antworten Sie nicht auf diese E-Mail. Dies ist eine automatisch versendete E-Mail.

Unsere Lieferung war abgelehnt worden.

Unsere 19 200 Packungen mit *invisibobbles*, 57 600 Haargummis, die im Einzelhandel für insgesamt 107 000 Euro verkauft werden sollten, waren nicht angenommen worden.

Wie sich herausstellte, hatten wir das falsche Logistikunternehmen damit beauftragt, unsere Palette auszuliefern. Es besteht nämlich ein großer Unterschied zwischen einer Firma, die an einem bestimmten Tag liefern kann, und einer, die in einem bestimmten 30-minütigen Zeitfenster liefern kann, wie es der Einzelhändler in diesem Fall vorschrieb.

Ich rief die in der E-Mail angegebene Nummer an, hing 20 Minuten in der Warteschleife und hörte fröhliches Pausengedudel, das sich ständig wiederholte – alles zusammen mit Felix, Dani und Niki in deren Büro neben dem Nachtclub in München am Lautsprecher, in heller Panik und ohne jede Vorstellung, wo in aller Welt unsere kostbaren 19 200 Packungen *invisibobbles* abgeblieben waren.

Eine hochprofessionelle britische Stimme meldete sich und erklärte uns, wir hätten wohl lieber ein ganz bestimmtes Logistikunternehmen beauftragen sollen, das in der Lage war, ganz pünktlich zu liefern. Wir vereinbarten einen neuen Liefertermin, und unsere Palette kam schließlich doch noch sicher an.

Zwei Wochen später erhielten wir eine weitere E-Mail.

Im Betreff stand sinngemäß (etwas salonfähiger formuliert): »Ihr habt eure Palettenlieferung verkackt, und dafür fallen folgende Scheißgebühren an.«

Obwohl unsere 57 600 *invisibobbles* gut angekommen waren und wir meinten, außer der Lieferzeit sonst alles richtig gemacht zu haben (wir hatten ein Lieferhandbuch erhalten, das wir zwei Wochen lang studiert hatten), wurden wir mit Geldbußen belegt.

Wir sollten zahlen, weil wir unser Palettenformular mit blauer statt mit schwarzer Tinte ausgefüllt hatten und Scanner blaue Tinte nicht lesen können. Also musste ein Mitarbeiter das Formular persönlich bearbeiten.

Noch etwas mehr zahlen sollten wir, weil der Abstand von der Kante des Kartons mit *invisibobbles* bis zur Kante der Palette genau 2 Zentimeter betragen sollte – statt 1,5 Zentimeter wie bei unserer Palette. Außerdem sollten wir noch zahlen, weil unsere Palette eine Minute nach Ablauf des 30-minütigen Lieferfensters angeliefert worden war. Und wir sollten zahlen, weil wir die größeren Kartons mit Kunststoff- statt Papierklebeband verschlossen und die Palette nicht ganz richtig bestückt hatten, sodass sie der Gabelstapler im Distributionszentrum nicht aufnehmen konnte.

Mit unseren 19 Jährchen konnten wir das nicht wissen, doch solche Logistikbetriebe arbeiten ausgesprochen präzise, weil sie Waren im Lager in Empfang nehmen und dann an alle Filialen im ganzen Land verteilen und alles reibungslos laufen muss, damit die Läden beliefert werden, die Regale voll sind und die Kunden die Sachen kaufen können. Alles, was diesen Ablauf stört oder menschliches Zutun erforderlich macht, bremst – und Zeit ist Geld. Daher die Strafgebühren.

Logistik ist ein ernsthaftes Geschäft, und wir lernten das auf die harte Tour. (Dabei waren wir gar nicht jedes Mal selber schuld. Einmal kam ein Fahrer zu spät, und weil er wusste, dass er das Lieferfenster verpassen würde, lud er zwei oder drei Paletten mit *invisibobbles* einfach am Straßenrand ab. Doch es regnete, und die Kartons lösten sich auf. Das war der Fehler des Logistikunternehmens, deshalb erhielten wir eine Entschädigung.)

Wegen des ganzen Palettenpalavers glaubte ich schon gar nicht mehr daran, jemals *invisibobbles* im Laden zu sehen. Doch wir zahlten unsere Strafe (was uns ein paar Hundert Euro kostete), und im Oktober entdeckte ich tatsächlich unsere ersten *invisibobbles* in einem echten Geschäft – gleich um die Ecke von meiner Studenten-WG in dem so windig gebauten Haus in Leamington Spa. Dass wir es speziell in diesen Laden geschafft hatten, war eine Art Initiationsritus, denn die Kette steht in dem Ruf, nur hochwertige Artikel anzubieten – und wir freuten uns sehr über diesen ersten Testlauf.

8.

Fifty Shades of Pink

Was ich gelernt habe:

- Im Umgang mit Herstellern immer alles zweimal prüfen und schriftlich bestätigen lassen.
- Schmutzigweiß ist nicht dasselbe wie rosa.
- Die Marke geht vor, auch wenn das später zu Konflikten führt.

Weit mehr als die paar Hundert Euro, die wir 2013 löhnen mussten, hat uns das gekostet, was ich gern als »Fifty Shades of Pink« bezeichne. Damals waren unsere *invisibobbles* nur in knalligen Primärfarben erhältlich (wir hatten das Spektrum von 27 auf 6 zusammengestrichen), und die verkauften sich gut. Unsere Vertriebspartner fragten aber immer wieder nach rosa *invisibobbles*. Ich merkte, dass diese Farbe vielversprechend wäre. Also bestellten wir mehrere Tausend rosafarbene *invisibobbles* bei unserem Hersteller (den Farbton nannten wir ursprünglich »Candy Pink« – bonbonrosa), verschickten sie an unsere Vertriebspartner und warteten auf Nachbestellungen, sobald sie verkauft waren.

Doch dann kam eine SMS von einem Friseur aus Deutschland mit einem Foto von einem komischen schmutzigweißen *invisibobble*. Am

Tag zuvor sei er noch rosa gewesen, schrieb er. *Am Vortag war er noch rosa??*

Prompt gingen weitere Beschwerden ein – und es erschienen Fotos auf Instagram. Das ist immer ganz schlecht, wenn etwas schiefgelaufen ist. Ich hatte gerade Sommerferien und saß mit Felix, Dani, Niki und Lisa in München im Büro, als die Hölle losbrach. Wir hatten eine Menge Kohle für die neuen, gefragten rosa *invisibobbles* ausgegeben, und nun befanden sich plötzlich weiße Exemplare in der Mischung, die wir definitiv nicht bestellt hatten. Wir versuchten, herauszufinden, was da in die Hose gegangen war. Vielleicht hatte uns der Hersteller ja versehentlich ungefärbte *invisibobbles* geschickt oder vielleicht waren sie nass geworden. Wir opferten eine Menge Zeit, um Kisten auszupacken, mit unserem Lager zu telefonieren, Vertriebspartner anzurufen und in den sozialen Medien nachzuforschen, um festzustellen, ob es noch weitere Reklamationen gab.

Lisa hatte ein paar rosafarbene *invisibobbles* im Büro aufs Fensterbrett gelegt. Wir hatten keine Klimaanlage, die Fenster ließen sich nicht öffnen, und es gab keine Jalousien. Es war heiß wie im Backofen, und Lisa stapelte vor den Fenstern leere Kartons aufeinander, um die brennende Sonne auszusperren. Entsprechend wenig Platz war für andere Dinge. Nach einer halben Stunde merkten wir, dass die *invisibobbles*, die gerade noch rosa gewesen waren, unterschiedlich stark verblassten. Die UV-Strahlung bleichte sie.

Wie kann das denn sein?, fragte ich mich. *Wir müssen unbedingt eine Rückholaktion für alle ausgebleichten invisibobbles starten, bevor noch mehr davon verkauft werden.*

Wir schrieben den Hersteller an, der unumwunden einräumte, ja, rosa sei eine instabile Farbe, die mit UV-Strahlung reagiere, doch da wir keinen UV-Schutz verlangt hatten, habe er sie ohne produziert. *Natürlich.*

Wenn unsere rosafarbenen *invisibobbles* schon in Deutschland, wo die Sonneneinstrahlung nicht so intensiv ist, nach 30 Minuten in der Sonne ausbleichten, was würde dann erst in Sonnenländern wie Spanien oder Portugal passieren, wo wir damals bereits Vertriebspartner hatten, die sie an Friseursalons verkauften? Wir mussten alle anrufen, sie anweisen, die Produkte nicht mehr auszuliefern, die Salons bitten, sie zurückzusenden, und auf jede Reklamation reagieren, die über Facebook, Instagram und per E-Mail einging. Dann ließen wir ordentliche rosafarbene *invisibobbles* mit UV-Schutz herstellen und verschickten sie. Es war ein Albtraum, und wir brauchten einen ganzen Monat, um die Sache zu bereinigen. Es war mit Abstand das größte Problem des ganzen Jahres. Es zu beheben, kostete uns an die 28 000 Euro und riss ein gewaltiges Loch in unsere Finanzen.

Etwa um dieselbe Zeit, als wir die ersten rosafarbenen *invisibobbles* produzierten, fand ich, wir sollten auch eine komplett durchsichtige Variante anbieten. Das würde doch gut zu der Idee vom »unsichtbaren« *invisibobble* passen. Nicht nur, dass er keine Abdrücke hinterlässt, in einer Klarsichtversion sähe er nicht nur cool aus, sonst wäre auch selbst kaum zu sehen. Ich wollte diese Farbe »Crystal Clear« nennen, doch Felix, Dani und Niki waren von Anfang an dagegen. Sie fanden, das würde komisch aussehen – wie ein Stück Plastik –, und außerdem seien insgesamt acht Haargummifarben sowieso schon zu viel. Je größer die Auswahl, desto teurer die Herstellung, und desto größer auch der Druck, die gesamte Produktion an den Mann zu bringen.

Doch ich ließ nicht locker. Ein durchsichtiges Haargummi würde bestimmt gut ankommen, denn es war neutral und passte zu jeder Haarfarbe. Außerdem sah es anders aus als alles, was bislang auf dem Markt war. Stoffbezogene Haargummis konnten nicht durchsichtig sein, und ich dachte, auch am Handgelenk könnte ein transparenter *invisibobble* Furore machen.

Crystal Clear erwies sich auf Anhieb als Bestseller, und zwar bis heute. Als Nächstes kamen True Black und Pretzel Brown, dann Blush Hour

Pink, nachdem wir das Rosa-Problem gelöst hatten. Durch die lustigen Farbbezeichnungen erhielt der *invisibobble* Charakter.

Dabei ist aber ungeheuer wichtig, immer drei *invisibobbles* von derselben Farbe im Paket zu verkaufen.

Das vermittelt einen puristischen Eindruck und trägt zum Kultstatus des Produktes bei. Bei Bonbonmischungen bleibt eine Sorte meistens übrig. Ich zum Beispiel mag keine Orangenbonbons. Mischtüten, die auch Bonbons mit Orangengeschmack enthalten, lasse ich liegen. Deshalb mag ich die Schokokugeln von Lindt so gern (die in Wirklichkeit Lindor heißen). Davon kann man eine ganze Schachtel mit nur einer Sorte kaufen und muss sich nicht fragen, was man mit der Sorte anfangen soll, die man nicht so mag.

Dasselbe gilt meiner Ansicht nach für den *invisibobble*. Würden wir die Farben mischen, sähe das billig aus und es bestünde ein Risiko, dass die Kunden nicht zugreifen, weil ihnen eine Farbe nicht gefällt. Drei gleichfarbige zusammen anzubieten, verleiht unserer Produktpräsentation Charakter. Und wir können Farben in begrenzter Auflage kreieren. So brachten wir zum Beispiel einen »Hawkwardly-Good-Looking«-*invisibobble* heraus, einen mintgrünen »Feathered-Friend«-*invisibobble*, der 2017 Teil unserer Circus Collection war. Dazu gehörte auch ein blauer *invisibobble*, den wir »Bad Hair Day? Irrelephant« nannten, mit einem niedlichen kleinen Elefanten auf der Verpackung. Für den Valentinstag ließen wir zusätzlich Sätze wie »Roses are red, violets are blue, *invisibobbles* cost less than dinner for two« aufdrucken. (Sinngemäß: Rosen sind rot, Veilchen sind blau, und ein Abendessen teurer als *invisibobbles* für die Frau.)

Außerdem wissen wir, dass Frauen an verschiedenen Orten Haargummis brauchen: einen auf dem Kopf, einen in der Handtasche, einen auf dem Schreibtisch am Arbeitsplatz zum Beispiel. Drei ist für die Kundin also irgendwie auch eine praktische Zahl.

Ob wir nicht verschiedene Farben in einer Packung mischen könnten, ist in Gesprächen mit unseren Vertriebsteams immer wieder Thema, weil die Einzelhändler uns ständig dazu drängen. Doch uns geht es um die langfristige Gesundheit der Marke, und ich weiß einfach, dass das keine gute Idee wäre.

Wir wollten *die* Marke für Haaraccessoires werden, angefangen mit der Neuerfindung des Haargummis. Dieser sollte nicht mehr als Massenware gelten, von der man gleich 50 Stück kauft, sondern wir wollten etwas auf den Markt bringen, das die Menschen immer wieder verwenden (ein *invisibobble* schrumpft nämlich wieder auf Originalgröße, wenn man ihn in heißes Wasser legt) – ein attraktives, aber zugleich funktionelles Produkt. *invisibobbles* werden aus vollständig wiederverwertbarem Kunststoff gefertigt – anders als herkömmliche Haargummis, die oft Metallanteile enthalten, was das Recycling erschwert.

9.

Der große Haargummi-Hack

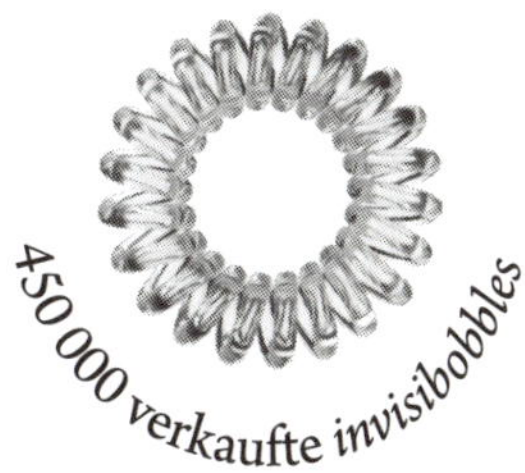

Was ich gelernt habe:

- Persönliche Briefe und E-Mails an Journalisten und Blogger bringen was.
- Wir hatten keinerlei Erfahrung und kannten die Spielregeln nicht, weshalb wir dreist dagegen verstoßen konnten.
- Verhandlungen mit Einzelhändlern sind manchmal wie ein Spiel.

Wir wussten: So ein *invisibobble* war nicht nur ein cooles Accessoire fürs Haar, er schützte außerdem vor Kopfschmerzen, war modisch und sah ganz anders aus als alles, was bisher auf dem Markt gewesen war.

In München übernahm Lisa (neben dem Bürokram für New Flag) das Marketing für den *invisibobble*. Sie stellte eine Liste aller namhaften, einschlägigen Journalisten in Großbritannien und Deutschland zusammen und verschickte persönlich adressierte *invisibobble*-Pakete an alle. Sie trieb Bilder dieser Leute auf, druckte sie aus und wählte dann Haargummis in Farben aus, die zu ihrem Outfit passten. Das Ganze garnierte sie mit einem persönlichen Anschreiben. Ihre Liebe zum Detail war wirklich bewundernswert.

Dann stalkte sie die Journalisten. Sie rief jeden persönlich an, wusste, dass sie dabei »furchtbar lästig« war. Doch sie hatte Erfolg damit. Rund 80 Prozent unterhielten sich gern mit ihr, und etwa die Hälfte schrieb auch über den *invisibobble*. Das hatte enorme Wirkung.

2013 waren Instagram und YouTube noch nicht richtig groß rausgekommen, und Influencer hatten noch nicht so viel Einfluss. Blogs aber schon, vor allem in Großbritannien. Lisa hatte einer Frau namens Jane Cunningham ein paar *invisibobbles* geschickt. Die unter dem Titel British Beauty Blogger bekannte Bloggerin hatte auf ihrer Website eine Rezension verfasst, in der sie unsere Haargummis als »praktischstes Accessoire des Sommers für euer Haar« beschrieb und ein Bild mit zwei leuchtend roten *invisibobbles* einstellte.

Sie verfügt über einschlägige journalistische Kompetenzen und ist sehr kritisch und vertrauenswürdig. Die Einzelhändler haben ein Auge auf bekannte Blogger, um Trends rechtzeitig zu erkennen. Am 11. Juli 2013 um 11:40 Uhr – unmittelbar nach der Veröffentlichung des British-Beauty-Blogger-Artikels über den *invisibobble* – ging bei uns eine kurze E-Mail von einem namhaften Modeeinzelhändler ein:

Von: »Michelle Goldstein«
Datum: 11. Juli 2013, 11:40:09 AM GMT+02:00
An: support@invisibobble.com

Guten Morgen,

wir würden Ihr Produkt gern in unser Sortiment aufnehmen – bitte setzen Sie sich doch mit uns in Verbindung.

Vielen Dank,

Michelle Goldstein

Assistentin im Einkauf – Schönheitsprodukte

OMG!

Der Einzelhändler hatte in Großbritannien rund 300 Filialen. Die Firmenzentrale saß in London. Ich konnte kaum fassen, dass uns dieses Unternehmen kontaktiert hatte. Es war zwar nur eine kleinere Kette, doch wenn wir dort geführt wurden, würden unsere Haargummis künftig nicht mehr als funktionelles Produkt, sondern als modisches Accessoire wahrgenommen werden. Außerdem kaufte ich selbst gern dort ein und empfand das Interesse an unserem invisibobble deshalb als Riesenkompliment.

Es gab aber ein kleines Problem: Als die E-Mail kam, waren Felix und ich gerade nicht in England. Wir hatten in Amsterdam den Geburtstag von Felix' Mutter gefeiert und bummelten gerade an einem Kanal entlang. Felix ist ja bekanntlich sehr pflichtbewusst. Daher schaute er alle paar Minuten auf sein BlackBerry. Deshalb konnten wir schon Sekunden, nachdem Michelle auf »Senden« geklickt hatte, einen wilden Freudentanz auf dem niederländischen Kopfsteinpflaster aufführen.

Noch vom Kanalufer aus antworteten wir Michelle und vereinbarten einen Termin in London. Dann gingen wir schnurstracks in unser Amsterdamer Hotel zurück, um uns darauf vorzubereiten. Sorgfältig überarbeiteten wir die Präsentation, die wir bei der großen Drogeriemarktkette gehalten hatten, riefen Lisa im Münchner Büro an und ließen sie Farbkopien davon ausdrucken und professionell in einen ordentlichen durchsichtigen Plastikeinband binden. Wir baten Lisa, *invisibobble*-Muster und unsere Visitenkarten beizulegen und uns das alles per Kurier nach Amsterdam zu schicken, damit wir es noch vor dem Last-Minute-Flug nach London erhalten würden, den wir ergattert hatten.

Doch das Paket kam nicht rechtzeitig.

Es blieb uns nichts anderes übrig, als aus dem Hotel auszuchecken, in den Flieger zu steigen und zu üben, was wir bei dem Termin am nächsten Tag sagen wollten. Wir versuchten, alle Zahlen und Geschäftsprognosen auswendig aufzusagen und unseren Vortrag ganz auf die Zielgruppe des potenziellen neuen Kunden abzustellen: modebewusste Teenager. Unsere Präsentation mussten wir dann eben nachliefern – und hoffen und beten, dass unser Enthusiasmus den Tag retten würde.

Felix und ich hatten die Einkäuferin vorher gegoogelt und wussten, sie war eine junge Frau – ein Pluspunkt, denn damit gehörte sie selbst zur Zielgruppe.

Eins wussten wir inzwischen: Das Schlimmste, was uns passieren konnte, war ein älterer Mann als Einkäufer. Die waren viel schwerer zu überzeugen. Sie gingen sehr analytisch vor, und wenn einer – wie wir – keine Umsatzhistorie vorlegen konnte und ein neues Produkt lancieren wollte, waren sie viel risikoscheuer. Als wir feststellten, dass wir es diesmal mit einer jungen, allem Anschein nach modisch interessierten Frau zu tun hatten, waren wir überglücklich. Besonders Felix, denn wie sich zeigen sollte, war sie auch noch sehr attraktiv.

Das Modelabel gehörte zu einem größeren Konzern, und im Empfangsbereich wimmelte es von Menschen, die große Koffer und Kleiderständer herumrollten. Alles wirkte sehr jugendlich und modern.

Felix blieb der Mund offen stehen, als Michelle auf uns zukam. Sie trug eines dieser knallengen Kleider im Herve-Leger-Stil, das tief ausgeschnitten war und entsprechende Einblicke gewährte, dazu High Heels und eine schicke Frisur – also alles für die ganz große Bühne. Ich war nervös, versuchte aber, cool zu bleiben. Felix hatte sich noch nicht wieder eingekriegt, als sie uns in ein Besprechungszimmer bat.

»Nettes Produkt«, meinte Michelle.

Ich holte tief Luft, bereit für meinen Auftritt, und begann, Michelle zu erzählen, wie ich den *invisibobble* erfunden hatte, dass er mir gegen Kopfschmerzen half und dass ihn unsere Kunden auch gern am Handgelenk trugen, weil das so cool aussah. Dann sollte Felix übernehmen und über die Zahlen sprechen.

Doch nach nicht einmal drei Minuten unterbrach mich Michelle und sagte: »Vielen Dank. Wie hoch ist denn der Einzelhandelspreis?«

Felix holte aus. Er sprach über unsere Umsatzzahlen. Darüber, dass selbst er als Kerl begriff, wie cool *invisibobbles* waren und dass die spiraligen Haargummis am Handgelenk auch unter Männern Gesprächsthema waren. Und dass wir zwar nur ein kleines Unternehmen seien, das jedoch gut lief. Und warum sie …

»Natürlich. Wie sieht es denn mit der MOQ aus?«

MOQ steht für Minimum Order Quantity – Mindestbestellmenge. Wer danach fragte, meinte es ernst.

Da hatten Felix und ich uns nach Kräften bemüht, auch ohne unsere Präsentation ordentlich Eindruck zu machen, und jetzt saßen wir hier, hatten gerade mal fünf Minuten mit der heißen Einkäuferin Michelle von Großbritanniens heißester Modekette gesprochen, und sie fragte schon nach unserer Mindestbestellmenge. Acht Minuten, nachdem wir das Besprechungszimmer betreten hatten, bestellte sie

1000 Dreierpacks, bedankte sich bei uns und komplimentierte uns hinaus. Wow! Wir klatschten uns ab. 3000 *invisibobbles* in acht Minuten.

Michelle war ganz klar eingestellt worden, weil sie ein gutes Gespür dafür hatte, was den Kunden gefiel. Ihr Job war, die heißesten Trends ausfindig zu machen, die dann in den Flaggschiff-Filialen des Unternehmens angetestet wurden. Der Termin lief so ganz anders als bei der großen britischen Drogeriemarktkette, weil Michelle aus dem Bauch heraus entschied – und das wesentlich schneller.

Wir kamen gut vorbereitet zu dem Termin, mit unserer Präsentation und allen Zahlen, doch wir merkten schnell: Eine E-Mail, in der stand: »Hallo, wir möchten euer Produkt ins Sortiment aufnehmen«, bedeutet genau das. Der Abschluss ist eigentlich schon gemacht. Wir konnten uns ganz darauf konzentrieren, die Bestellung gut über die Bühne zu bringen und den endlosen Papierkram zu erledigen.

Diesmal mussten wir aber keine Palette bepacken. Stattdessen lernten wir alles, was es über Kartons zu wissen gab. Das war ziemlich einfach. Allerdings hielt sich der Einzelhändler in seinem Lager an eine Richtlinie, die scharfe Gegenstände verbot. Das bedeutete, wir mussten Spezialkartons bestellen, die sich mit Papierklebeband verschließen ließen und ohne Messer oder Schere geöffnet werden konnten.

Im Oktober 2013 wurden *invisibobbles* bereits von drei verschiedenen britischen Einzelhändlern verkauft: Der erste war für uns die Bestätigung, dass unser Produkt ankam, der zweite, dass wir cool waren, und die dritte, kleinere Kette, die uns angeschrieben hatte, vermittelte uns die Gewissheit, dass wir wirklich gefragt waren.

In Deutschland gelang uns ebenfalls ein Durchbruch mit einer ganz neuen Verkaufsmethode für Schönheitsprodukte: einem Unternehmen, das auf Abonnementbasis gegen einen Monatsbeitrag Päckchen mit neuen Make-up-, Hautpflege- und Haarprodukten an Kunden verschickte. Es war 2011 in Berlin gegründet worden – im selben Jahr, als wir den invisibobble erfunden hatten. Die Abonnenten waren Leute, die gern immer das Allerneueste hatten, sogenannte »Early Adopter«. Heute ist das ein Riesenbetrieb, doch damals war es noch ziemlich klein – mit rund 16 000 Abonnenten. Und es war supercool!

Lisa und ich wollten unbedingt, dass der invisibobble in diese Kartons kam. Und weil Haargummis getragen werden – anders als, sagen wir, ein Shampoo –, stachen sie anderen ins Auge und wurden zum Thema. Wir fanden, diese Abokisten seien ideal für uns, und wollten dem Anbieter gern 16 000 einzelne *invisibobbles* zukommen lassen, die er dann an 16 000 hippe junge Menschen schicken konnte – genau das Publikum, das wir zu erreichen hofften.

Die Hersteller von Haar- und Hautpflegeprodukten stellten ihre Shampoos und Feuchtigkeitscremes kostenlos zur Verfügung, damit ihre Produkte in die Hände von Trendsettern gelangten. Feedback bekamen sie außerdem – es war also eine ganz neue Art, Marktforschung zu betreiben.

Dani und Niki erklärten uns allerdings für verrückt.

Sie dachten, wir hätten den Verstand verloren, weil wir so viel investieren wollten (nämlich mehrere Tausend Euro, was für uns viel Geld war – Felix und ich waren ja erst 20). Folglich versuchten sie alles, um uns die Sache auszureden.

Am Ende war es Felix, der sich nachdrücklich dafür entschied – was damals sehr untypisch für ihn war. Er gibt gewöhnlich nur ungern Geld aus – ihr wisst schon, nach dem Motto, brauchen wir eigentlich unbedingt Strom? –, und ich glaube, ohne ihn wären wir längst bankrott, weil wir auch dann investiert hätten, wenn wir uns unserer Sache nicht sicher waren. Doch die Beauty-Kisten wirkten vielversprechend – und waren es auch.

Plötzlich gab es überall *invisibobbles*. Überall – nur nicht im deutschen Einzelhandel. Noch nicht.

Ein paar Monate zuvor hatten Dani und Niki einen Termin bei einem exklusiven deutschen Einzelhändler für Schönheitsprodukte gehabt und versucht, ihm den Tangle Teezer schmackhaft zu machen. Er zeigte Interesse, wollte aber viel zu wenig zahlen. Deshalb lehnten Dani und Niki ab. Sie wendeten sich stattdessen an Einzelhändler für den Massenmarkt und brachten den Tangle Teezer in über 2000 Läden unter.

Irgendwann kam dann eine E-Mail von der Edelkette. Der Betreff lautete sinngemäß: »Her mit eurer blöden Plastikbürste!« – natürlich etwas vornehmer formuliert. Sie baten um eine Präsentation und wollten genau wissen, in welchen Farben und Größen es den Tangle Teezer gab, um ihn letztlich zu bestellen.

Einzelhändler stehen in einem scharfen Wettbewerb, und wenn sie sehen, dass alle Konkurrenten ein bestimmtes Produkt im Programm haben, wollen sie es auch, denn es ist peinlich, wenn man so einen Artikel nicht anbieten kann. Lisa schrieb zurück und fragte, ob sie auch an unserem neuen Produkt interessiert seien, dem *invisibobble*. Nein, hieß es.

Mit gebotener Sorgfalt erstellte Lisa eine PowerPoint-Präsentation und versah jede Folie mit dem Tangle-Teezer-Logo. Mittendrin, unter der Tangle-Teezer-Kopfzeile, brachte sie (obwohl die Edelkette daran ausdrücklich nicht interessiert war) ein paar Fotos von *invisibobbles* unter, die ihre ansprechenden Farben und Verpackungen zeigten und unsere Alleinstellungsmerkmale erwähnten: keine Abdrücke, haarschonende Verwendung.

In der Antwort stand, sie würden gerne Tangle Teezers bestellen. Kein Wort über den *invisibobble*. Beim Ausfüllen der jeweiligen Formulare zur Aufnahme des Tangle Teezers in das Sortiment des deutschen Premiumhändlers kam Lisa ein Gedanke: Was, wenn sie den *invisibobble* einfach stillschweigend eintrug?

In solchen Formularen muss man alle möglichen langweiligen Informationen angeben, wie Namen und Farben, das Gewicht eines Produkts, aus welchem Material es besteht, und die europäische Artikelnummer (EAN), die Teil des Strichcodes ist.

Lisa machte alle Angaben für jeden Tangle-Teezer-Typ (die sogenannte Produktreferenz). Die Produktbeschreibung sah ungefähr so aus:

Tangle Teezer	The Original	Purple Electric	50 Gramm
Tangle Teezer	The Original	Coral Glory	50 Gramm
Tangle Teezer	The Wet Detangler	Large Black Gloss	100 Gramm

Doch Lisa wäre nicht Lisa, wenn sie nicht gedacht hätte: Die wollen zwar keine *invisibobbles,* aber was soll's – sie kriegen trotzdem ein paar!

Also fügte sie hinzu:

Tangle Teezer	*invisibobble*	Submarine Yellow	10 Gramm
Tangle Teezer	*invisibobble*	Space Blue	10 Gramm

So brachte sie den *invisibobble* klammheimlich auf dem Formular unter. Es sah aus, als wäre er ein weiterer Tangle Teezer, wie The Original oder The Wet Detangler.

Ein paar Wochen lang hielten wir den Atem an.

Würde man bei der Nobelkette bemerken, dass das *invisibobble*-Produkt, an dem sie ausdrücklich nicht interessiert war, wie durch Zauberhand auf ihren Formularen auftauchte?

Dann kam der Auftrag. Neben mehreren Tausend Tangle Teezer Originals und Tangle Teezer Wet Detanglers hatten sie auch ein paar Tausend Packungen Tangle Teezer *invisibobbles* bestellt! Ich fühlte mich an meine Schwester Louise erinnert. Als diese etwa vier Jahr alt war, wollte sie nur Hühnchen essen. Alles andere verweigerte sie. Die Lösung? Meine Eltern erklärten alles Essbare zu Hühnchen, und meine Schwester war zufrieden und aß.

Damals beschlossen die Einkäufer in den Zentralen, welche Produkte ins Programm aufgenommen wurden, und erfassten diese in einem Computersystem. Die Filialleiter orderten dann aus diesem System, was ihre Kunden haben wollten. Eine Filiale in einem kleineren Ort, wo sich die Leute nicht so viel schminkten, bestellte beispielsweise mehr Gesichtscremes als Lippenstifte.

Weil der *invisibobble* über die Abokisten vertrieben und in den Medien darüber berichtet wurde, hörten die Filialleiter davon und tippten *invisibobble* in ihr Bestellsystem ein. Und weil wir das Produkt auf die Liste geschmuggelt hatten, schien es im System auf, und sie konnten es bestellen. Und weil der Umsatz stimmte, nahm im Einkauf keiner Notiz davon. Unser raffinierter Haargummi-Hack hatte funktioniert!

Das war aber noch nicht das Ende der Geschichte. In Ladengeschäften ist jeder Quadratzentimeter verplant. Aus diesem Grund lehnen Einkäufer manchmal Produkte ab, weil sie schlicht keinen Platz dafür haben. Das war bei einer großen etablierten Drogeriemarktkette in Deutschland der Fall. Doch statt aufzugeben, als wir ein Nein kassierten, versuchten wir es mit einem weiteren Haargummi-Hack. Uns war aufgefallen, dass die Kartons mit den Haarföns ganz in der Nähe der Haaraccessoires auf einem oberen Regal quer eingeräumt waren, und wir fragten nach, ob man diese nicht längs platzieren könnte – dann wäre genügend Platz für unser *invisibobble*-Display. Langer Rede kurzer Sinn: Sie willigten ein, und nun werden unsere Produkte in ihren 2000 Filialen vertrieben.

Lisa war die Queen der Haargummi-Hacks. Wir hatten nur ein sehr kleines Marketingbudget, also musste sie ihre Kontakte nutzen und kreative Wege finden, den *invisibobble* an den Mann zu bringen.

Lisa war mit Nikis damaliger Freundin Talia befreundet, einem Model. Talia hatte 2013 einen Modeblog, als dieser Trend gerade ins Laufen kam – noch vor der großen Instagram-Welle. Und sie war ziemlich einflussreich. Talia wurde zur Modewoche nach Paris eingeladen, und Lisa fuhr von München aus mit ihr hin, um sich ein schönes Wochenende zu machen. Die Pariser Modewoche findet zweimal im Jahr statt und gehört zu den größten Ereignissen in der Branche. Dort präsentieren die exklusivsten Designer der Welt ihre Kollektionen.

Natürlich hatte Lisa auch *invisibobbles* im Gepäck. Sie hatte extra einen Aufkleber mit der Aufschrift »Fashion Week Edition« kreiert und auf rund 300 Packungen geklebt. In Paris angekommen, fanden sich die beiden superfrüh am Veranstaltungsort ein. Es gelang ihnen, sich an der Sicherheitskontrolle vorbeizumogeln – sie taten einfach so, als gehörten sie dazu und müssten vor der Show noch etwas erledigen. Lisa dachte, was soll schon passieren, wenn sie mich erwischen? Ein zweites Mal würde sie ohnehin nicht kommen.

Lisa schlich sich hinein, und noch bevor sie jemand aufhalten konnte, hatte sie schon ihre Special-Edition-Packungen mit *invisibobbles* in sämtlichen Geschenktüten untergebracht, die auf den Stühlen in der ersten Reihe standen. Auf diesen Stühlen würden in Kürze die einflussreichsten Modejournalisten und Stars aus der ganzen Welt Platz nehmen. Als die Show vorbei war, verteilte sie die übrigen Packungen, als sei sie für eine offizielle Werbeaktion engagiert worden.

Danach durchforsteten wir Blogs, Live Streams und Zeitschriften in der Hoffnung, irgendwo unsere Haargummis an einem Hinterkopf oder Handgelenk zu entdecken. Fanden wir welche, stellte Lisa aus den Bildern eine Collage zusammen und verschickte sie im Rahmen unserer PR an weitere Journalisten und Redakteure. Sie versendete auch *invisibobbles* an Fernsehproduzenten, Agenten und Modelagenturen und fasste dann gnadenlos telefonisch nach, um zu erfahren, ob deren Kunden unsere Haargummis auch trugen. Mit der Zeit entdeckten wir *invisibobbles* bei Cara Delevingne und Candice Swanepoel, und sogar Khloe Kardashian trug einen in einer Episode von *Keeping Up With the Kardashians*. Von da an war klar: Wer mit den Kardashians mithalten wollte, der brauchte auch einen *invisibobble*.

10.

Der Mercedes und der Praktikant

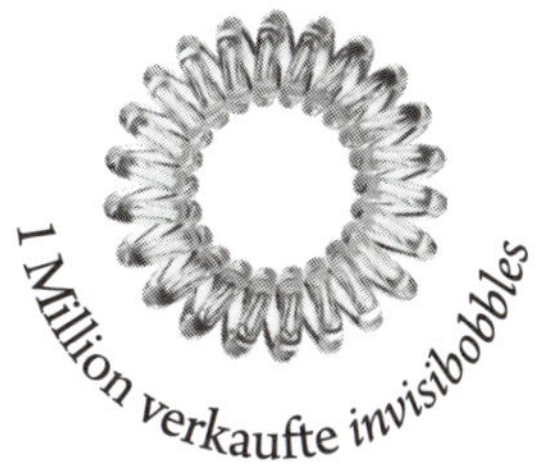

Was ich gelernt habe:

- Der Schein kann trügen.
- 10 000 Euro passen tatsächlich in einen Aktenkoffer.
- Manchmal muss man sich bei neuen Produktversionen auf seinen Instinkt verlassen.

Mitte 2013, keine zwei Jahre, nachdem wir das Unternehmen gegründet hatten, wurden *invisibobbles* in fünf oder sechs europäischen Ländern vertrieben, und wenn alles so weiterlief, würden es am Jahresende zwölf sein.

Das klang unglaublich, lag aber im Grunde daran, dass wir in diesem ganz eigenen Segment der Haar-Accessoire-Branche tätig waren, das wir selbst erfunden hatten. Wir bekamen bei den Friseursalons einen Fuß in die Tür, weil wir ein neues Produkt anboten, das nicht gegen die Exklusivverträge verstieß, die sie mit Shampoolieferanten geschlossen hatten, und weil es für unsere Vertriebspartner einfach war, den *invisibobble* in ihr Sortiment aufzunehmen, denn er war klein und leicht. Leicht verkäuflich und leicht zu kaufen.

Sogar den Sprung in die Apotheken schafften wir in manchen Ländern, weil diese damals ihr Produktangebot entsprechend erweiterten. In Portugal hatten die Menschen Apotheken früher wegen ihrer medizinischen Kompetenzen aufgesucht. Dort waren zunächst nur verschreibungspflichtige Medikamente vertrieben worden, später dann aber auch Cremes und Lotionen für bestimmte Hautprobleme. Brauchte man einen Sonnenschutz, ging man ebenfalls in die Apotheke, denn dort bekam man fachkundige Beratung.

Doch als immer mehr Supermärkte neben Lebensmitteln auch Lotionen und Wässerchen in ihr Sortiment aufnahmen, bekamen die Apotheker Konkurrenz und zeigten sich aufgeschlossener für andere Produktgattungen. Sie erkannten: Wenn eine Frau Kopfschmerztabletten kaufte, würde sie vielleicht auch einen Haargummi erstehen, der gar nicht erst Kopfschmerzen verursachte. Es war wirklich erstaunlich, wie viel wir in einem so kleinen Land wie Portugal absetzten. Wer aus unserem Bekanntenkreis dorthin in den Urlaub fuhr, kam prompt zurück und sagte: »Wow, Portugal ist wirklich invisibobblifiziert.« So kam uns das jedenfalls vor.

Bei Haarprodukten sind die Menschen in aller Regel ziemlich wählerisch, weshalb es für jeden erdenklichen Haartyp das passende Shampoo gibt: langes Haar, kurzes Haar, gefärbtes Haar, blondes Haar, graues Haar, sprödes Haar, ausgelaugtes Haar, mattes Haar, glückliches Haar, trauriges Haar und sogar Haar, das Wert legt auf das ekstatische Gefühl, unter einem Wasserfall gewaschen zu werden – ihr wisst schon, was ich meine.

Wir stellten fest, dass der *invisibobble* bei Menschen mit jedem Haartyp gut ankam. Manche kauften ihn, weil er cool aussah, manche, weil sie vom Pferdeschwanz keinen Abdruck im Haar haben wollten, andere, weil der *invisibobble* ihr Kopfschmerzproblem löste – wie bei mir.

Wir hatten zwei potenzielle Vertriebspartner in Polen aufgetan. Die beiden waren bereit, sich acht Stunden ins Auto zu setzen, um von Warschau nach München zu kommen. Das ist ziemlich weit, doch sie bestanden darauf, denn sie fuhren einen Mercedes – für sie das Allergrößte – und wollten das deutsche Auto gern in einer deutschen Werkstatt warten lassen.

Felix hatte mit den beiden Polen gemailt und telefoniert, und das Geschäft ließ sich sehr vielversprechend an. So positiv, dass sie zusagten, für 10 000 Euro *invisibobbles* zu kaufen. Das Geld wollten sie in bar mitbringen. Es brachte mich um, dass ich nicht dabei sein konnte. Nur zu gern hätte ich mir angeschaut, wie 10 000 Euro in Scheinen aussehen. Passten sie in eine Aktentasche? Oder würden sie in schwarzen Plastiksäcken im Kofferraum des Mercedes liegen?

Als Treffpunkt hatte Felix das Münchner Büro mit dem Schatztruhen- und dem Tragflächenschreibtisch vorgeschlagen und war total aufgeregt, weil er das alles ausgehandelt hatte und weil sie so viel Geld mitbringen wollten. Als die beiden ankamen, war Felix allein im Büro. Der eine Pole war groß, schlank und trug eine Lederjacke zur Stoffhose, der andere war kleiner, rundlich und hatte ein Hemd und Jeans an.

Felix machte Kaffee für die beiden und setzte sich dann mit ihnen ans eine Ende unseres kleinen Büros – an den einzigen normalen Tisch, den wir hatten. Aus unseren Erfahrungen mit dem Modeeinzelhandel hatten wir gelernt: Wenn jemand sagt, er will kaufen, dann meint er das in aller Regel auch so. Also war Felix von einem schnellen Abschluss ausgegangen. Auch er war neugierig, wie 10 000 Euro in bar wohl aussahen, und schaute sich verstohlen nach einem Aktenkoffer oder ausgebeulten Plastiktüten um. Da sagte der Größere auf Polnisch etwas zum Kleineren, und der Kleinere wandte sich an Felix und erklärte: »Wir müssen unseren Mercedes umparken. Diese Straße gefällt uns nicht.«

Felix kam das zwar komisch vor, doch er erbot sich, ihnen zu helfen, einen besseren Parkplatz zu finden. Sie lehnten ab und gingen. Die beiden Tassen Kaffee hatten sie nicht angerührt. Sie blieben 20 Minuten lang auf dem Tisch stehen. Dann 40 Minuten. Felix versuchte, den Kleineren anzurufen – vergeblich. Er hinterließ eine Nachricht auf der Mailbox: »Kann ich Ihnen bei der Parkplatzsuche irgendwie helfen? Ist alles in Ordnung?« Dann versuchte er sein Glück bei dem Größeren, doch der war ebenfalls nicht erreichbar.

Die beiden Polen kamen nicht zurück.

Felix telefonierte und mailte ihnen zwei Wochen lang täglich vergebens hinterher. Ich war außer mir: »Wie hast du das in den Sand setzen können? Die hatten ZEHNTAUSEND EURO IN BAR DABEI!!!«

Nach zwei Wochen ging der Kleinere endlich an sein Telefon. Das Gespräch verlief ungefähr so:

Felix: »Was war denn los? Erst kommen Sie den ganzen Weg aus Warschau, und dann verschwinden Sie einfach!«

Der Kleinere: »Wir fanden Sie furchtbar unhöflich.«

Felix: »Aber wieso denn?«

Der Kleinere: »Wir sind extra von Warschau angereist, hatten Bargeld in der Tasche, einen fertigen Vertrag dabei und wollten gern *invisibobble*-Partner werden.«

Felix: »Aber das war mir doch bewusst.«

Der Kleinere: »Und warum speisen Sie uns dann mit Ihrem PRAKTIKANTEN ab?«

Felix: »Welcher Praktikant? Das war doch ICH.«

Der Kleinere: »Sie waren da? Da war doch nur der Kerl, der uns Kaffee gemacht hat. Sie haben sich nicht blicken lassen. Deshalb sind wir wieder gefahren.«

Felix: »Wir sind ein Start-up, wir haben keine Praktikanten. Ich führe die Preisverhandlungen, ich suche die Vertriebspartner aus, ich rufe die Einzelhändler an, führe den E-Mail-Verkehr und auch die Verkaufsgespräche, ich rede mit unserem Hersteller in China, bin für die Qualitätssicherung zuständig, mache die *invisibobbles* sauber, wenn sie schmutzig sind, bearbeite Bestellungen, überlege mir Wachstumsstrategien, sorge dafür, dass wir unsere eingehenden Rechnungen pünktlich bezahlen, schreibe Ausgangsrechnungen, laufe hinter dem Geld her, überprüfe, ob sie bezahlt wurden, bestelle Displays für Friseurmessen, hole die Displays ab, fahre zu Messen, stelle Displays auf, spreche mit potenziellen Kunden und erkläre immer wieder, wieso der *invisibobble* keine Abdrücke im Haar hinterlässt, wie man sich damit die Haare hochstecken kann, rede mit Friseuren, höre mir an, was die Kunden zu sagen haben, und ja, den Kaffee mache ich auch.«

Na ja, ganz so ausführlich wird er das sicher nicht geschildert haben. Er erklärte eben höflich, dass wir als Start-up noch ALLES selbst machten – ohne Praktikanten, Kaffeekellner und anderes Personal.

Eine Woche später kamen der große und der kleine Pole noch einmal in ihrem Mercedes nach München und hatten ihre coolen 10 000 Euro in cash dabei. Diesmal nahm ich ebenfalls an dem Termin teil – nur um zu sehen, ob so viel Geld tatsächlich ohne Weiteres in eine Aktentasche passte. Es waren neue, gebündelte 20-Euro-Scheine, 25 Stück pro Bündel. Jedes Bündel war also 500 Euro wert, und es waren 20 davon. Sie waren in einer verschlossenen Plastiktüte, und sobald das Geschäft über die Bühne war und die beiden Polen wieder in ihrem Mercedes saßen, rissen wir die Tüte auf. So viel Geld auf einem Haufen hatten wir noch nie gesehen. Wir öffneten die Bündel, häuften die Scheine auf den Tisch und warfen sie in die Luft. Das filmten wir mit unseren Handys und spielten die Aufnahmen dann in Zeitlupe ab. Doch nach einer Stunde packten wir alles wieder ordentlich zusammen und beschlossen, vernünftig zu sein und das Geld zur Bank zu bringen.

11.

Dafür gibt's kein Kästchen

Was ich gelernt habe:

- Es ist immer von Vorteil, der orangefarbene Fisch zu sein.
- Erwachsene einzustellen, kann gut fürs Geschäft sein.
- Messen sind teuer, aber sie lohnen sich.

Im Herbst 2013, in meinem dritten Studienjahr, zog ich in eine Dreizimmerwohnung. Sie war isolierverglast und lag in einem modernen Wohnblock im Zentrum von Leamington Spa. Dem *invisibobble* verdankte ich, dass ich mir leisten konnte, hier allein zu leben. Ein oder zwei Leute hätten gerne das zweite Zimmer von mir gemietet, doch ich fühlte mich allein ganz wohl.

Gleich um die Ecke, an einer der Hauptstraßen der Stadt, lag der »Benjamin Satchwell«, ein Wetherspoons-Pub mit großen Glasfronten. Dort arbeitete ich viel. Satchwell hatte im 18. Jahrhundert gelebt und war Schuhmacher, Postmeister und Mediator der Stadt gewesen. Er hatte die zweite Quelle von Leamington entdeckt und dem Dorf so zu Wohlstand verholfen. Er gilt als »Gründervater« von Leamington Spa. Es inspirierte mich, an einem Ort zu arbeiten, der nach einem solchen Visionär benannt war.

Irgendwie war ich kein Bibliotheksmensch. Stattdessen stand ich gewöhnlich früh auf, kümmerte mich um das *invisibobble*-Geschäft, ging gegen elf in den Fitnessraum der Uni, holte mir dann einen Kaffee, wenn das Geld reichte, arbeitete, ging nach dem Mittagessen in den Pub, bearbeitete dort *invisibobble*-Bestellungen, blieb bis gegen 18 Uhr und zog mich dann in meine Wohnung zurück.

Viele meiner Freunde hatten Studiengänge mit einer Regelstudienzeit von vier Jahren belegt. Ein Auslandsjahr – das dritte – war darin bereits eingerechnet. Mein Studium war jedoch dreijährig, was bedeutete, dass im dritten Jahre viele meiner Freunde abwesend waren. Mein Leben unterschied sich sehr von dem anderer Studenten, die sich morgens in die 20 Autominuten entfernte Unibibliothek setzten und sie erst spätabends wieder verließen. Lief mir also ab und zu an der Uni jemand über den Weg, wunderte der sich meistens, dass ich da war. Alle dachten, ich würde ebenfalls vier Jahre studieren und wäre im Ausland. Doch ich fühlte mich nicht etwa einsam – ich hatte das Gefühl, mein eigenes Leben zu leben, und ich war ganz auf den *invisibobble* fixiert.

Ich weiß noch, dass mir Niki einmal von einem Poster erzählte, das in seiner Schule gehangen hatte. Darauf war eine Schule heller Fische abgebildet, die alle in eine Richtung schwammen. Nur ein orangefarbener schwamm gegen den Strom. Darunter stand: »Sei der orangefarbene Fisch.« Dieses Bild hatte sich fest in meinem Kopf verankert. Es bleibt jedem selbst überlassen, ob er tun will, was alle tun – oder ob er anders sein möchte. Innovativ und eigenwillig zu sein, ist nicht immer einfach, doch ich finde, es lohnt sich. Ich hatte nie das Gefühl, etwas zu verpassen.

An der Uni schrieb ich während der Vorlesungen häufig Rechnungen, das habe ich ja schon erwähnt. Oder ich bereitete Versandetiketten für DHL vor. Warum mir der *invisibobble* so viel wichtiger war als alles andere, verstand keiner so richtig. Aber ich hatte Kunden zugesagt, ihnen die Haargummis noch am selben Tag zu schicken, also musste der Papierkram erledigt werden – so war das eben.

In meinem Abschlussjahr fanden sich auf dem Campus Vertreter der großen Banken und Unternehmensberatungen ein. Auf Talentsuche warben sie mit Gratisgetränken oder Werbetassen um künftige Absolventen. Bei solchen Veranstaltungen sollte man im schicken Kostüm aufschlagen, Hände schütteln, wichtige Kontakte knüpfen und versuchen, die Leute durch den eigenen Ehrgeiz zu beeindrucken.

Ich ging hin, ließ mir Tassen schenken, trank, was mir angeboten wurde, unterhielt mich mit Freunden und vertschüsste mich wieder.

In Kalifornien war das eine große Sache, wenn man ein Unternehmen gründete, während man noch studierte. In den britischen Midlands eher nicht. Und weil der *invisibobble* von anderen Studenten oft mit Sprüchen wie »Ach, bloß ein Haargummi, das zählt nicht« kommentiert wurde, sagte ich nicht viel darüber – auch dann nicht, wenn ich ausdrücklich danach gefragt wurde.

In meinem dritten Studienjahr hatte ich außerdem einen Pflichttermin bei der Berufsberatung der Universität. Wie an vielen Unis war man auch in Warwick sehr darauf bedacht, die eigenen Absolventen in namhaften Unternehmen unterzubringen und ihnen am besten noch vor dem Abschluss eine Stelle und einen Arbeitsvertrag zu vermitteln. Eines Tages kam eine E-Mail von der Berufsberaterin meiner Fakultät. Sie bestellte mich irgendwohin auf den Campus. Also trabte ich brav an, fand das Gebäude und das Zimmer mit der Nummer SWX19-A (oder so ähnlich) und klopfte.

»Herein«, sagte eine Stimme.

Ich ging hinein und saß prompt einer Frau gegenüber, die ich noch nie gesehen hatte und vermutlich auch nie wiedersehen würde.

»Hallo Sophie«, sagte sie und schaute auf einen Zettel, auf dem mein Name stand.

»Wie läuft es denn so?«, erkundigte sie sich.

»Gut.«

»Wie fühlst du dich?«

»Gut.«

»Bist zu zufrieden?«

»Ja.«

Ist das hier eine Therapiesitzung?, dachte ich. *Wer ist diese Frau überhaupt? Kann ich jetzt gehen?*

»Wie laufen denn deine Bewerbungen? Welche Beratungsfirmen und Banken hast du angeschrieben, wenn ich fragen darf?«, wollte sie wissen und schaute wieder auf ihren Zettel.

»Ich bewerbe mich nicht.«

Da entglitten der Damen die Gesichtszüge. Sie war offensichtlich sprachlos.

»Ich habe mein eigenes Haargummiunternehmen – *invisibobble.* Sie finden uns in jeder Einkaufsstraße.«

»Invisi-was?«, stammelte die Berufsberaterin.

»*invisibobble.* Es läuft ganz gut, und sobald ich meinen Abschluss habe, werde ich mich ganz darauf konzentrieren.«

»Aber dafür gibt's kein Kästchen«, protestierte sie.

»Wissen Sie, ich gehe nach dem Abschluss nach München – dort sitzt unsere Zentrale –, und bis zum Jahresende wollen wir unsere Produkte in zwölf Ländern vertreiben.«

Wieder dieser komische Gesichtsausdruck. Und eine neuerlicher Blick auf das Formular.

»Können Sie gut mit Menschen?«, fragte sie einigermaßen verzweifelt. »Wie wäre es denn mit Personalwesen?«

Felix erging es ganz ähnlich: Er musste im Rahmen seines Studiums zwei Praktika nachweisen. Das erste absolvierte er bei einer Investmentbank, das zweite bei … *invisibobble.* Er konnte seinen Tutor nur dadurch überzeugen, ihn das Praktikum in seinem eigenen Unternehmen ableisten zu lassen, indem er drohte, die Uni sonst ohne Abschluss zu verlassen.

Was mich in die Selbstständigkeit getrieben hat, war eine Mischung aus Bewunderung für Red Bull und seinen unkonventionellen unternehmerischen Ansatz und meine schon immer vorhandene Liebe zur Mode – akzentuiert durch ein paar Gene meines risikofreudigen Vaters. Schade, dass die Universität bei ihren Plänen für ihre Studenten die Gründung eines eigenen Unternehmens damals gar nicht auf der Rechnung hatte. Soweit ich weiß, hat sich diesbezüglich aber inzwischen einiges geändert.

2013, als wir im zweiten Jahr im Geschäft waren, erzielten wir mit dem *invisibobble* einen Umsatz von etwas mehr als 950 000 Euro und konnten uns schon ein kleines Gehalt genehmigen. Das erschien uns seinerzeit angebracht, da wir nach der Reinvestition des größten Teils der Gewinne ins Unternehmen noch einen Batzen Geld übrig hatten.

2013 erzielten wir ein beachtliches Wachstum, und das war toll. Es bedeutete, dass wir mit Blick auf 2014 Verträge mit mehreren Vertriebspartnern und Großhändlern schließen konnten. Großhändler führen verschiedene Produkte, die sie entweder direkt vom Hersteller oder von einem Vertriebsunternehmen beziehen, und beliefern unterschiedliche Verkaufsstellen mit einer Auswahl von Produkten.

Im Frühjahr 2014 beschlossen Felix und ich, in einen Stand auf der Cosmoprof in Bologna zu investieren – der vermutlich größten Messe für die Haar- und Kosmetikbranche weltweit. Das ist eine viertägige Veranstaltung mit mittlerweile mehr als 3000 Ausstellern und rund 250 000 Besuchern in rund 15 Messehallen. Jeder geht zur Cosmoprof, vom Hersteller von Friseurstühlen bis zu den Spritzgussunternehmen, die Verpackungen für Gesichtscremes produzieren. Dort stehen sie dann neben Branchenriesen wie L'Oréal, die mitunter Millionen für einen Stand ausgeben, um ihre neuesten Produkte zu präsentieren.

Für unseren *invisibobble*-Stand berappten wir rund 19 000 Euro – für uns eine GEWALTIGE Investition und unsere erste richtig happige Marketingausgabe.

Und es war das erste Mal, dass wir das Gefühl hatten, von der Branche ignoriert zu werden.

So ein Messeauftritt macht ordentlich Arbeit. Vom Veranstalter wird nur der Platz bereitgestellt – um alles andere muss man sich selbst kümmern. Obwohl *invisibobbles* klein sind, hatten wir viele Kartons davon dabei, dazu große Plakate, die unsere Haargummis im Einsatz zeigten, ein Poster mit unserem Logo und Fotos von unseren Produkten.

Außerdem brachten wir noch Flyer mit einer detaillierten Beschreibung des *invisibobble* und unseren Kontaktdaten mit – und eine Friseurin, die Frisuren mit *invisibobbles* gestaltete. Sie sollte Besucher an den Stand locken, indem sie erklärte, sie könne ihnen in zwei Minuten eine Frisur machen – und dann die Zeit stoppte. Die Frisurenaktion war eine tolle Idee, denn dadurch würden viele Messebesucher *invisibobbles* im Haar haben und mit Freunden oder Kollegen darüber sprechen. Der eine oder andere würde vielleicht auch einen *invisibobble* am Handgelenk tragen und so für Gesprächsstoff sorgen.

Die Aussteller durften etwa eine Stunde vor Öffnung der Messe um 9:30 Uhr in die Hallen, um aufzubauen. Zehn Minuten, bevor die Tore fürs Publikum geöffnet wurden, tönte es aus der Lautsprecheranlage:

»Herzlich Willkommen bei der Cosmoprof. Es ist jetzt T minus 10 Minuten bis zur Eröffnung. Nur die Hoffnung ist größer als die Angst. Möge das Glück stets mit euch sein.«

Okay, den letzten Satz habe ich bei *Die Tribute von Panem* geklaut, doch so hörte sich die Ansage für mich an – und ich hatte jeden Tag das Gefühl »Ja! Das Spiel geht LOS!«

Wir waren jedenfalls den ganzen Tag voll da – ab 6:30 Uhr, jeden Tag, vier Tage lang. Als unser Unternehmen größer wurde, hatten wir eine Leiterin für den internationalen Vertrieb eingestellt: Zelda. Sie kam mit uns zur Messe.

Doch kein Mensch interessierte sich für uns.

Die Leute liefen an unserem Stand vorbei, an dem Felix und ich lächelnd parat standen. Zeigte mal jemand Interesse, sagte einer von uns: »Hallo, kennen Sie schon den *invisibobble*?« Nein, hieß es meistens. Wenn ich zur Erklärung ansetzen wollte, merkte ich, dass der Interessent über meine Schulter zu Zelda schaute, die damals um die 50 war. Ich stellte klar: »Ich bin die Gründerin. Was möchten Sie denn wissen?«. Daraufhin reagierten die Messebesucher prompt mit einem: »Danke, ich warte, bis sie Zeit für mich hat«, und deuteten auf Zelda.

Bei der Cosmoprof verteilten junge Frauen (auch Männer, aber damals eben noch mehrheitlich Frauen) Flyer für Produkte oder Unternehmen oder Veranstaltungen in verschiedenen Bereichen der Messe. Ich war damals 21 (und sah noch jünger aus). Die Leute hielten mich für ein solches Flyer-Girl – oder vielleicht für das Haarmodel. Deshalb wollten sie lieber mit Zelda sprechen, die erwachsener wirkte. Manche tranken ihren Kaffee aus, während wir uns unterhielten, und drückten mir den leeren Pappbecher in die Hand.

Anschließend wandten sie sich an Zelda und sprachen mit ihr. Zeldas Körpersprache entnahm ich, dass sie sondierte, mit wem sie es zu tun hatte: Kam der Interessent von einem Vertriebsunternehmen oder von einem Großhändler? Felix und ich versuchten, uns anderweitig am Stand nützlich zu machen. Wir konnten nicht mithören, doch irgendwann zeigte Zelda dann immer auf uns und erklärte, dass Felix und ich *invisibobble* zwei Jahre zuvor gegründet hatten. Vom Gesicht ihres Gegenübers war stets ganz deutlich ein »Aha« oder ein »Das glaube ich nicht« abzulesen, weil wir so jung aussahen (und waren). Dann erzählten wir die Geschichte vom *invisibobble* – möglichst so, als wäre es das erste Mal – und erklärten, wie haarschonend das Produkt sei (was die Haarprofis besonders interessierte) und so weiter. So lief das vielleicht 50-Mal am Tag – jeden Tag, vier Tage lang.

Man darf seine Produkte oder andere Dinge am Stand nicht unbeaufsichtigt lassen, denn sie könnten gestohlen werden. Auf einer Messe in Dubai etwa ein Jahr darauf griff sich eine Diebin einen ganzen Packen *invisibobbles*, und wir mussten ihr hinterherlaufen. Deshalb packen wir jeden Abend alles wieder ein, und das dauert. Weil die Messehallen so groß sind, legen wir mit unseren Kartons viele Kilometer zurück, passieren dabei im Krebsgang diverse Schwingtüren, lassen natürlich immer mal wieder eine Kiste fallen (die dann unweigerlich aufgeht, sodass die *invisibobbles* über den Boden kullern), sammeln alles wieder auf und marschieren weiter.

Weil das alles so anstrengend ist, ist die Versuchung groß, einen solchen langen Tag an der Bar zu beenden. Da man nichts Ordentliches im Magen hat, ist man dann unversehens total beschwipst, wacht am nächsten Morgen mit explodierendem Schädel auf und fragt sich: »Wie konnte das bloß passieren?« Am nächsten Abend nach der Messe wiederholt sich das Ganze. Aus diesem Grund sind Messen bis heute mit Abstand das Strapaziöseste an unserem Beruf.

Wollte jemand nichts vom *invisibobble* wissen, lernten wir, uns das nicht zu Herzen zu nehmen. Er ist natürlich kein Produkt für jedermann. Mir ist aber wichtig, dass unsere spiraligen Haargummis für eine breite Mehrheit taugen. Deshalb ist es schon immer erst mal ein Schlag ins Gesicht, wenn jemand Kritik daran äußert. Doch das muss man abkönnen. Wir merkten aber, dass wir für die nächste Messe unbedingt jemanden brauchten, der Italienisch sprach, weil wir häufig auf Italienisch angesprochen wurden und ich dann in einem Kauderwelsch aus Spanisch (das mir meine Mutter als Kind beigebracht hatte) und Englisch antwortete, womit wir mehr schlecht als recht durchkamen.

Alles in allem war die Resonanz überwiegend positiv, doch wir brauchten eine Weile, um auf der Messe auch wirklich Aufträge an Land zu ziehen.

Die Cosmoprof war mein letztes Zugeständnis an *invisibobble* während meines Studiums. Danach musste ich dringend alle meine Essays schreiben und mich auf die Abschlussprüfungen vorbereiten.

12.

Mei und die nicht vorhandene *invisibobble*-Fabrik, erster Akt

Was ich gelernt habe:

- Werden betriebliche Abläufe vernachlässigt, kann das ein Unternehmen Kopf und Kragen kosten.
- Wer im Ausland (oder sonst wo) produzieren lässt, sollte eine Wetterversicherung abschließen.
- Nie den Mitgründer ans andere Ende der Welt ziehen lassen.

Felix' Studium dauerte vier Jahre und beinhaltete ein Auslandssemester. Wo er das absolvieren wollte?

Na, in Sydney, Australien.

Kein Witz.

Gerade als das *invisibobble*-Geschäft im Sommer 2014 richtig in Fahrt kam, wollte er sich ans andere Ende der Welt absetzen. Ich will nicht unfair sein – er tat wirklich sehr viel für das Unternehmen. Doch durch den Zeitunterschied würde trotzdem alles anders werden. Dennoch bestärkte ich ihn in seiner Entscheidung, obwohl das für mich hieß, dass es noch härter werden würde.

Ich hatte im Juni meine Abschlussprüfung bestanden und im Juli die Note erfahren: eine 2,1. Damit war ich angesichts meines Zeitaufwands für *invisibobble* ganz zufrieden. (Die Notenstufen bei britischen Abschlüssen sind 1 für herausragende Studenten, 2,1 für immerhin noch ziemlich gute, 2,2 für mittelmäßige und 3 für solche, die die meiste Zeit im Pub oder Club zubrachten und gerade so durchkamen.)

Sobald die Prüfungen vorbei waren, zog ich nach München und verbrachte die meiste Zeit im Büro neben dem Nachtclub, denn es trudelten laufend Bestellungen ein.

Für *invisibobble* war das eine entscheidende Phase, in der manche Startups scheitern, weil sie das operative Geschäft nicht auf die Reihe kriegen. Man muss genügend Produkte beim Hersteller ordern und in der richtigen Menge pünktlich an den richtigen Kunden liefern. Bekommt ein Vertriebskunde nicht, was er bestellt hat, muss er das dem Salon- oder Ladeninhaber erklären. Es kann bedeuten, dass Regale leer bleiben. Und das ist schlecht fürs Geschäft – für den Händler ebenso wie für *invisibobble*.

Dadurch kann der Cashflow unterbrochen werden. Der Kunde zahlt erst, wenn die Lieferung auch eingeht, und selbst dann beträgt die Zahlungsfrist bis zu 120 Tage – für jedes Unternehmen, das auf sein Geld wartet, eine lange Zeit.

Viele neue (aber auch etablierte) Unternehmen leihen sich Geld bei der Bank oder beschaffen sich Kapital von Investoren, doch das wollten wir bei *invisibobble* nie und haben es bisher auch noch nicht gemacht. Das heißt aber, dass wir unsere Zahlungsströme genau im Auge behalten müssen. Gibt es Verzögerungen bei der Auslieferung von Produkten an einen Kunden, müssen wir umgehend eingreifen. Wir planen langfristig, und externe Investoren ins Boot zu holen, würde bedeuten, dass wir diesen Leuten gegenüber in der Pflicht stünden. *invisibobble* war von Haus aus ein Start-up mit niedrigen Kosten, und wir schrieben von Anfang an schwarze Zahlen. Ich habe zwar durchaus unternehmerischen Ehrgeiz, doch mir ist der langfristige Aufbau unserer Marke wichtiger als ein schnelles Geschäft. Und Markenaufbau bedeutet, Gewinn wieder ins Produkt und ins Unternehmen zu stecken – und Liebe ebenfalls.

Im Sommer 2014 klingelte alle fünf Minuten das Telefon. Jedes Mal beschwerte sich irgendein Vertriebspartner oder anderer Kunde, weil eine Lieferung nicht oder nicht so pünktlich wie gewohnt angekommen war, und wollte wissen, wo sie abgeblieben sei? Jede solche Nachfrage – ob telefonisch oder per E-Mail – hatte zur Folge, dass ich auf die DHL-Website gehen, die Tracking-Nummer eingeben und herausfinden musste, wo sich unsere Sendung befand. Dann musste ich zurückrufen. Wir hatten damals noch kein System, keine automatische Sendungsverfolgung oder Rechnungslegung und keine IT. Wir erledigten das alles mit Hilfe von Excel, Word und E-Mails. Und die Kacke dampfte jeden Tag.

Wie schon gesagt, hatten wir Zelda als Vertriebsleiterin eingestellt, und ich übertrug ihr nach und nach alle meine und Felix' Kunden. Doch da wir die Gründer waren, tickten diese Kunden regelrecht aus, wenn wir ihnen mitteilten, dass sich künftig Zelda um sie kümmern würde. Waren die Kunden selbst Unternehmer, wollten sie lieber mit anderen Unternehmern oder Gründern Geschäfte machen. Das aber konnten wir schlecht bis ans Ende unserer Tage tun, denn dann würde das *invisibobble*-Geschäft stagnieren und wir würden nie über das Stadium der Vertriebsverhandlungen hinauskommen.

Kunden, die wir an Zelda abgaben, waren davon mitunter gar nicht erbaut, weil sie sich herabgewürdigt fühlten. Dann riefen sie Felix an, der sagte: »Ich bin gerade in Australien, wenden Sie sich doch bitte an Zelda.« Oder sie riefen bei mir an, dabei wollte ich sie doch eigentlich an Zelda delegieren …

Zu meinem Entsetzen stellte ich ausgerechnet in dieser heiklen Phase fest, dass aus China plötzlich viel weniger geliefert wurde, als wir bestellt hatten. Zu diesem Zeitpunkt erhielten wir die *invisibobbles* bereits fertig im Dreierpack – allerdings nur etwa ein Fünftel der georderten Menge.

Aber halt: Zunächst muss ich noch schnell einen weiteren Charakter in die Geschichte einflechten – Mei Huang. Felix hatte Mei auf einer Messe kennengelernt, und sie fungierte als unsere Agentin. Sie ist Chinesin, lebt in Deutschland, spricht fließend Deutsch und half uns, einen Hersteller in China zu finden, als wir für unseren Alibaba-Lieferanten Liang zu groß wurden.

Wir verließen uns in allem komplett auf Mei, von der Suche nach einer neuen Produktionsfirma über die Übersetzung von E-Mails und die Aushandlung von Preisen mit dem Werk bis hin zu den Nachfragen, wenn sich Lieferungen verzögerten. Unsere *invisibobbles* mussten unbedingt alle in derselben Fabrik hergestellt werden, denn die Produktionsanlagen mussten einem bestimmten Standard entsprechend und überprüfbar sein. Einzelhändler unterliegen strengen Sicherheitsanforderungen und -standards für ihre Mitarbeiter, und wir mussten sicherstellen, dass wir diese Kriterien erfüllten.

Als unsere Bestellungen auch weiterhin nicht eingingen, rief ich Mei an.

»Hallo«, begrüßte ich sie in möglichst freundlichem Ton.

»Sophie! Hallo, wie geht's?«, fragte Mei.

»Ganz gut, aber wir haben Probleme, weil Lieferungen ausbleiben.«

»Probleme? Aha. Ich kümmere mich darum.«

Die Tage vergingen. Schließlich war eine ganze Woche um. Die ganze Zeit über gingen Bestellungen von unseren Kunden ein, die wir über Mei nach China weitergaben, und die alle angenommen wurden. Ich hatte Mei angeschrieben, und sie hatte mir versichert, unsere Lieferungen würden »bald« eintreffen oder seien »auf dem Weg«. Doch es verging noch eine Woche und eine weitere, ohne dass eine größere Lieferung ankam.

Nach drei Wochen quetschte ich aus Mei die Wahrheit heraus.

In China hatte ein Taifun gewütet, und unsere Produktionsstätte war drei Wochen lang überschwemmt gewesen. Drei Wochen! Ich war fassungslos.

In China gibt es im Geschäftsleben eine Kultur der Gesichtswahrung. Man möchte andere auf keinen Fall enttäuschen; deshalb hatte Mei gezögert, uns gleich zu sagen, dass es Probleme gab. Und die Lage dadurch verschlimmert.

Ich musste also eine Art Warn-E-Mail an alle unsere Vertriebspartner schicken, auf »Kapazitätsprobleme« hinweisen und ihnen mitteilen, dass wir ihre Bestellungen nur anteilig erfüllen konnten: Jeder würde nur etwa ein Fünftel der bestellten Menge erhalten.

Gleichzeitig kamen die größten Einzelaufträge, die wir je erhalten hatten – nach dem Motto: »Hallo, kann ich bitte 20 000 Stück bestellen?«, »Hi, ich möchte gern 50 000 Stück ordern« oder »Hallo, ich hätte gern euren gesamten Lagerbestand aufgekauft, wann könnt ihr liefern?« Die Nachfrage ging durch die Decke.

Und ich wusste: Das Lager war leer. Das schien unsere Kunden nur noch mehr anzustacheln: Sobald ich ihnen mitgeteilt hatte, dass das Angebot begrenzt war, wollte sich jeder möglichst viel Ware sichern. (Später versuchten wir, das gezielt als psychologische Strategie einzusetzen. Wir erzählten den Kunden, der Nachschub sei begrenzt, und warteten dann auf den Auftragsschub: Es funktionierte nicht.)

Vier Monate lang konnten wir nur Teilmengen liefern und brauchten rund sechs Monate, um alle Restlieferungen durchzuführen. Ich war jeden Tag um 8 Uhr im Büro und kam nie vor 22 Uhr wieder raus – und tat den ganzen Tag nichts anderes, als mich um die E-Mails und die Bestellungen zu kümmern. Unsere Produktionsanlage musste ganz neu aufgebaut werden.

Trotz des Taifuns war 2014 ein herausragendes Jahr für *invisibobble*.

In Deutschland wurden wir ins Sortiment einer exklusiven Parfümerie aufgenommen, hatten damit den Sprung in den Massenmarkt aber noch nicht geschafft. Eine große Drogeriemarktkette war zwar interessiert, wollte den *invisibobble* aber wie ein paar andere Einzelhändler auch gern unter ihrer eigenen Marke führen. Wie schon erwähnt, ist das im Einzelhandel durchaus üblich. Die Händler wollen oft keine Haar-Accessoires anderer Marken führen, nur ihre eigenen. Solange das Konzept nicht nachweislich funktioniert, wollen sie lieber den Weg des geringeren Risikos gehen und Produkte unter eigenem Namen anbieten.

Noch etwas mussten wir auf die harte Tour lernen: Verkauft sich ein Markenprodukt besser als erwartet, bringen die Einzelhändler schnell ihre eigenen Versionen heraus. Die Vertriebsteams mancher Hersteller lassen sich unter dem Druck, ihre Produkte im Einzelhandel abzusetzen, dazu breitschlagen, Versionen für deren Eigenmarken herauszubringen, aber ich habe das für *invisibobble* stets kategorisch abgelehnt.

Dass wir in Deutschland durch Presseberichte und Blogs immer bekannter wurden, half uns auf jeden Fall. Es überrascht mich bis heute, doch Männer wie Frauen interessierten sich dafür, was ihre Freundin für ein spiraliges Ding am Handgelenk trug. Und schon war der *invisibobble* im Gespräch. Weil man unsere Haargummis nicht überall bekam – man nennt das selektiven Vertrieb –, waren wir so etwas wie das am besten gehütete Geheimnis der Schönheitsindustrie.

Als wir die große deutsche Drogeriekette schließlich überreden konnten, Dreierpacks transparenter *invisibobbles* in ihr Produktangebot aufzunehmen – nämlich im November 2014 –, wurde das zur erfolgreichsten Produkteinführung aller Zeiten in der Haarkategorie. Steht ein gefragtes Produkt endlich auf dem Massenmarkt zur Verfügung, schlagen sich die Leute förmlich darum. Das Verrückte daran: Bei einer solchen Produkteinführung geben die meisten Marken Hunderttausende oder noch mehr für Werbung aus – wir gaben keinen Cent aus. Wir hatten dafür nicht einmal ein Budget. Dieser Anbieter erklärte sich unter anderem deshalb dazu bereit, unser Produkt zu vertreiben, weil wir unsere Pappdisplays gratis mitlieferten (das Einzige, wofür bei uns Marketingausgaben anfielen). Das Problem, dass die Filialen klagten, es sei kein Platz für unser Produkt, war dadurch vom Tisch.

Anfang des Jahres waren wir in 13 europäischen Ländern präsent, am Jahresende in 30 Ländern. Unser Umsatz hatte sich im Jahresverlauf verfünfzehnfacht, und wir waren überglücklich. Ohne den Taifun hätten wir uns vielleicht ums Dreißigfache vergrößern können. Im Jahr 2014 allein erzielten wir 5,8 Millionen Euro Umsatz. Dabei hatte ich im Sommer desselben Jahres gerade erst meinen Abschluss gemacht.

13.

Was schmeichelt mehr als Nachahmer?

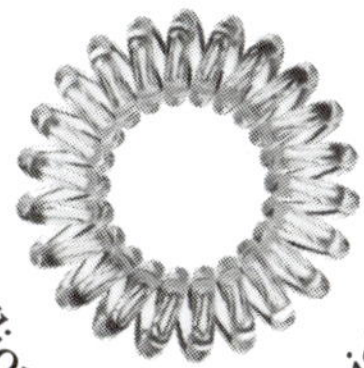

Was ich gelernt habe:

- Das Business kann brutal sein.
- Fälschungen sind einfach furchtbar.
- Wer alles tut, damit die eigene Marke so gut wie möglich ist, macht Trittbrettfahrern das Leben schwer.

Für Kinder werden auf der Bowlingbahn seitlich eine Art Leitplanken ausgefahren, damit die Kugel nicht so leicht aus der Spur gerät und die Chancen steigen, die Kegel zu treffen. Tja, wir waren so naiv, zu glauben, dass uns das als »Kindern« mit einem eigenen Unternehmen ebenso ergehen würde – dass die große Welt der Wirtschaft für uns Leitschienen montieren würde, weil wir noch so jung waren und neu im Geschäft. Aus unserem Umfeld kam viel moralische Unterstützung – vor allem für mich als Frau in dieser Rolle. Im Rückblick glaube ich, dass sich um mich herum eine Art Schutzschirm bildete, weil ich einer Minderheit angehörte.

Doch 2014, im Jahr des Taifuns, war die Schonzeit ein für alle Mal vorbei. Wer daran schuld war?

In einem Wort: die Fälscher.

Ich war mir zum ersten Mal sicher, dass wir kopiert worden waren, als ich im Büro an meinem Tragflächenschreibtisch saß und durch die Facebook-Seite von *invisibobble* scrollte. Ich war allein im Büro, Felix war in Australien und vom New-Flag-Team war gerade keiner da. Plötzlich stieß ich auf einen Kommentar zu einem unserer Up-do-Videos, der ungefähr folgendermaßen lautete:

»Die ersten *invisibobbles,* die ich gekauft habe, waren klasse. Doch dann habe ich mir noch ein Päckchen geholt, und die sind totaler Schrott. Gerade wollte ich eines benutzen, um mir einen Pferdeschwanz zu machen, da ist es gerissen. KAUFT DIESES PRODUKT BLOSS NICHT!!!! Die Packung sah übrigens auch ein bisschen anders aus als sonst.«

Mir wurde ganz kalt. Ich teilte der Schreiberin sofort meine E-Mail-Adresse mit und bat: »Hallo, danke für diesen Beitrag. Es tut mir leid, dass du ein Problem hattest. Bitte schicke mir doch ein Foto von dem Haargummi und von der Verpackung.«

Ein paar Minuten später kam schon eine Antwort. Die Dame erklärte, sie habe die Haargummis in einem russischen Friseursalon gekauft. Auf dem Foto sah die Verpackung genauso aus wie unsere. Doch ich sah auf einen Blick, dass der Würfel etwa einen halben Zentimeter kürzer war als beim echten *invisibobble*. Es stand aber unser Name darauf, unser Logo und die üblichen Aufdrucke wie »the traceless hair ring« und »hair loving«. *Alles* sah genauso aus wie immer, bis auf die Größe.

Fuck.

Ich kann kaum beschreiben, wie wütend ich war. Ich war außer mir, dass jemand einfach hergehen, Fälschungen produzieren und so tun konnte, es seien echte *invisibobbles*. Das hieß ja, es musste irgendwo jemanden geben, der einer Fabrik (in China) den Auftrag erteilt hatte, unsere Haargummis und hübschen Schächtelchen herzunehmen und nachzumachen, sodass Vertriebsstellen, Friseurgeschäfte und Verbraucher sie für echt halten und sich bei uns beschweren würden, wenn sie rissen oder sich schlecht aus dem Haar lösen ließen. Das war wirklich das Allerletzte.

Ein Gutes hat so eine dreiste Direktkopie: Hat einer das eigene Produkt originalgetreu reproduziert, kann man sämtliche Vertriebspartner und Großhändler anschreiben und nachfragen, ob es sich bei ihren Produkten um Originale oder um Fälschungen handelt. Wie wir später merken sollten, ist es viel schwerer, die Ursache des Problems zu ermitteln, wenn Fälschungen in Umlauf kommen, die nur sehr ähnlich aussehen, doch bei denen der Markenname geringfügig abgeändert wurde und bei denen man nicht weiß, wie sie auf den Markt gekommen sind und wer sie vertreibt.

Ich kontaktierte sämtliche unserer Vertriebspartner und Einzelhändler. Eigentlich hatte ich auf ihr Mitgefühl gehofft, doch sie reagierten verärgert. Sie machen *invisibobble* zum Vorwurf, dass Fälschungen auf den Markt gekommen waren, und waren aufgebracht, weil sie Geld dafür ausgegeben hatten und ich sie nun bitten musste, sie zu vernichten und darüber einen Nachweis zu erbringen. Ein paar reagierten sehr ungehalten und versuchten, uns die Kosten aufs Auge zu drücken (was wir ablehnten). Auf lange Sicht trug es jedoch dazu bei, die Produktfälschungen vom Markt zu verdrängen, weil wir dadurch alle unsere Partner dazu brachten, genau zu prüfen, ob sie wirklich echte Ware erhalten hatten.

Wir forderten auch die Zollbehörden in europäischen Ländern auf, alle Importe, auf denen »*invisibobble*« stand, zu prüfen und an der Grenze den Inhalt von Kartons in Augenschein zu nehmen. Auch auf diese Weise konnten wir manche Fälschungen vom Markt fernhalten – allerdings nur einen geringen Teil der Gesamtzahl. Wir versuchten, schon beim Export aus China Prüfungen durchführen zu lassen. Das kann man für einen jährlichen Obolus beantragen, doch gefunden wurde dabei nie etwas. Produktfälschungen aus China werden nämlich oft einfach anders etikettiert.

Auch die Produktionsausfälle durch den Taifun begünstigten das Auftauchen von Kopien auf dem Markt. Es gab eindeutig Nachfrage nach unserem Produkt, doch sobald es vergriffen war, sahen andere Vertriebsunternehmen (mit denen wir nicht zusammenarbeiteten) die Chance, eigene Versionen zu vermarkten. Eine davon hieß EZbobbles und kopierte nicht nur unsere würfelförmige Verpackung, sondern auch unser rundes Logo und unseren Slogan. Auf Instagram stand dazu beispielsweise: »So beschaffen, dass das Haar geschont wird«, aber auch ein Verweis auf uns: »Eine gute Alternative zum *invisibobble.*« Sie wussten zumindest, wen sie kopierten, und räumten ein, dass wir das Original waren (und die Besten!). Doch ich sah den EZbobbles schon auf dem Foto an, dass die beiden Enden der Spirale, durch die unsere Haargummis rund werden, nicht ordentlich verschweißt waren, denn an dieser Stelle bildete sich eine hässliche Verdickung. EZbobbles kopierte sogar die kleine Papppyramide – unser Display für Friseursalons. *Nochmal fuck.*

Das Problem, wenn solche Kopien auf den Markt kommen: Die Verbraucher erkennen nicht immer den Unterschied zwischen den Fälschungen und dem Original – vor allem, wenn die eigene Marke noch am Anfang steht und nicht so bekannt ist. Hinzu kam, dass die Käufer an Haargummis als Markenprodukte überhaupt noch nicht gewöhnt waren, weil solche Produkte bisher als Eigenmarken vertrieben worden waren – in größerer Zahl, an ein Stück Pappe getackert.

Doch weil die Nachahmer wortwörtlich dieselben Formulierungen verwendeten, die auf unserer Verpackung standen und urheberrechtlich geschützt waren, hatten wir eine rechtliche Handhabe gegen die Salons und Einzelhändler, die sie verkauften.

Irgendwann kümmerte ich mich den lieben langen Tag lang nur noch um die Flut von Fälschungen. Bei den Friseurgeschäften brachte ich in Erfahrung, welche Vertriebsfirmen die Fälschungen in Umlauf brachten. Dann rief ich dort an – meist von meinem Schreibtisch in meinem winzigen Münchner Büro aus, wo ich ganz allein saß. Ich setzte mich dafür bewusst aufrecht hin, schlug ein Bein übers andere, räusperte mich und sprach so ernst, wie ich konnte.

»Guten Tag, ich rufe Sie aus der Rechtsabteilung von *invisibobble* an«, sagte ich möglichst gefasst. »Wir haben festgestellt, dass Sie EZbobble vertreiben, die unsere Produkte fälschen. Weil EZbobble unsere urheberrechtlich geschützten Produktangaben kopiert, gehen wir juristisch gegen das Unternehmen vor und fordern Sie auf, den Verkauf seiner Produkte unverzüglich einzustellen.« Ich verwendete so viele juristische Ausdrücke wie nur möglich und sprach möglichst überzeugend und streng.

Manchmal reagierten die Angerufenen sofort. In anderen Fällen musste ich schwerere Geschütze auffahren – im zarten Alter von 21, mutterseelenallein im Büro und bemüht, älter und weiser zu klingen. »Wir haben unsere Anwälte noch nicht eingeschaltet, weil wir versuchen möchten, die Angelegenheit möglichst einvernehmlich zu klären, doch wenn sie die Produkte in einer Woche immer noch verkaufen, müssen wir einen Unterlassungsanspruch geltend machen.« Dann schickte ich noch eine E-Mail hinterher, die ich als Leiterin der Abteilung für geistiges Eigentum und Compliance unterzeichnete statt als Geschäftsführerin. So einen Unterlassungsanspruch machte man durch eine Abmahnung geltend – ein Schreiben, in dem man den Empfänger auffordert, Rechtsverstöße einzustellen. Verkauft der Betreffende das Produkt dennoch auch weiterhin, kann man mit gerichtlichen Schritten drohen.

Ein Punkt, an dem wir juristisch wenig tun konnten, wie wir glaubten, waren die Produktkopien als solche. Gleich mehrere Anwälte hatten uns erklärt, wir könnten die spiralige Form des *invisibobble* nicht patentieren lassen, weil sie in Form von Telefonkabeln bereits allgemein bekannt sei. Das sollte sich jedoch rächen.

Eine Zeit lang hatten wir in Großbritannien ein Riesenproblem mit Fälschungen, was zum Teil daran lag, wie unser Vertrieb organisiert war. Wir hatten mit mehreren Unternehmen Exklusivverträge für den Vertrieb in bestimmten Regionen geschlossen. Das war ein Fehler, denn Friseursalons, die von unseren Vertriebspartnern nicht beliefert wurden, konnten den *invisibobble* nicht beziehen. Und andere Vertriebsunternehmen aus diesen Regionen reagierten ebenfalls verärgert.

So ein *invisibobble* ist für eine Vertriebsgesellschaft ans Friseurhandwerk problemlos zu verkaufen, weil er so klein und leicht ist – und auch andere Vertriebsunternehmen hatten Interesse daran. Sie hatten vom Erfolg des *invisibobble* gehört, doch da wir für manche Regionen Exklusivverträge unterzeichnet hatten (was rückblickend keine gute Idee war, doch am Anfang wussten wir das eben nicht besser), kamen manche Vertriebsfirmen nicht an den *invisibobble* heran und verfielen darauf, selbst Kopien auf den Markt zu bringen, die die britischen Friseursalons irgendwann förmlich überschwemmten.

Sie sahen recht ähnlich aus, waren jedoch von minderer Qualität. Bei der Entwicklung unserer Verpackung hatten wir akribisch darauf geachtet, dass sie nicht so schnell verkratzte und sich nicht statisch auflud. Schließlich wollten wir nicht, dass die Packungen im Regal oder zu Hause Staub ansetzten. Mit dem bloßen Auge sah man das aber nicht, sodass viele dachten, wir seien leicht zu imitieren.

Einmal rief uns einer unserer größten britischen Großhändler an, erklärte Knall auf Fall, er wolle den *invisibobble* aus dem Programm nehmen, und bestellte einfach nichts mehr. Für uns war das ein schwerer Schlag, denn dieser Händler hatte jedes Jahr Produkte im Wert von knapp 280 000 Euro bei uns geordert. Zur Erklärung sagte er, er wolle »einen anderen Kurs« einschlagen. Für mich hörte sich das ganz so an, *als wollte er uns kopieren.* Deshalb verfolgten wir ein paar Wochen lang im Internet, auf seiner Website und auf Twitter, was er vorhatte. Und prompt bot er eines Tages eine eigene Version des *invisibobble* an, die er mit allen anderen Produkten präsentierte – und verwendete dabei teilweise unser urheberrechtlich geschütztes Material. Das hieß zumindest, dass wir ihn verklagen konnten. Er musste uns alle seine Kunden preisgeben, damit wir dafür sorgen konnten, dass sie echte *invisibobbles* bekamen.

Die Sache mit den Fälschungen ging so weit, dass wir auf einer Friseurmesse an einem anderen Stand Kopien unserer Marke entdeckten. Bei der Salon International, einer Messe, die jedes Jahr in London stattfand, hatten wir einen ansprechenden Stand mit verführerischen Displays und einer Friseurin, die Frisuren gestaltete. Dort fiel uns an einem anderen Stand eine Produktkopie auf, die ich Bububobble nennen will.

Auf der Messe kam ein schmerbäuchiger Mann mittleren Alters mit beginnender Glatze auf uns zu. Er erinnerte an eine Nacktschnecke, die schon seit zehn Jahren keine Sonne mehr gesehen hatte – ja, vielleicht noch nicht einmal Tageslicht.

Der Typ kam zu uns herüber und sagte: »Hallo, kann ich mal den Chef sprechen?«

»Ich bin Mitgründerin. Was kann ich für Sie tun?«, fragte ich. Er musterte mich von oben bis unten, als wolle er sagen, *aber du bist ja noch ein Kind.*

»Also, ich bin von Bububobble. Unsere Haargummis sind mehr als 2 Euro billiger als eure, aber das wisst ihr sicher«, erklärte er selbstzufrieden. »Wie läuft es denn bei euch so?«, fragte er und wollte offensichtlich wissen, wie es mir dabei ging, dass er uns mit seinem windigen Abklatsch unterbot.

»Ja, ich glaube, wir hatten schon über unsere Anwälte miteinander zu tun. Es läuft sehr gut, danke der Nachfrage. Wir haben gerade eine neue Kollektion herausgebracht, werden schon seit einiger Zeit bei Boots verkauft, und bei Urban Outfitters ebenfalls. Und Spaß haben wir außerdem«, erklärte ich.

»Der wird euch schon noch vergehen«, meinte der Alte und trollte sich an seinen Stand.

Der Bububobble-Mann ging mir am verlängerten Rücken vorbei. Irgendwie fand ich es fast ein bisschen enttäuschend, dass wir von solchen alten Säcken kopiert wurden, die sicherlich 1000 Dinge in ihrem Leben bitter bereuten und denen nichts Besseres einfiel, als ein paar Teenager nachzuahmen, die ein neuartiges Haargummi erfunden hatten – und sich dann daran aufzugeilen, auf einer Messe unsere Produkte schlechtzumachen, um sich selbst besser zu fühlen. Hätte Mr. Bububobble in der Haar-Accessoire-Branche etwas Kreatives, Inspirierendes auf die Beine gestellt, hätte ich vielleicht so etwas wie Respekt für ihn empfunden. Doch die Leute, die uns kopierten, waren oft wie Mr. Bububobble: abgehalfterte Gestalten, die sich – körperlich wie geschäftlich – gehen ließen und darauf hofften, ohne sich anzustrengen einen schnellen Euro zu verdienen.

Ich glaube, solche Betrüger dachten, sie könnten durch uns problemlos schnelle Gewinne einfahren. Sie glaubten wohl, unsere Haargummis und unsere Verpackungswürfel seien leicht zu kopieren und sie könnten ihre chinesischen Hersteller einfach anweisen, uns nachzumachen. Dabei ist es in Wirklichkeit recht kompliziert, so etwas Einfaches wie einen *invisibobble* gut hinzukriegen – dafür zu sorgen, dass die Farben beständig sind und die Qualität passt, und sich lustige, kreative Namen für neue Nuancen und Varianten auszudenken.

Für uns ist das ein Vorteil. Weil die Fälscher meinen, es sei so einfach, wirken ihre Kopien am Ende billig und minderwertig. Außerdem kriegen sie bei großen Einzelhändlern nur schwer einen Fuß in die Tür, weil die Qualität ihrer Produkte mies ist und es sich dabei offensichtlich um Kopien handelt.

Das Gespräch mit dem Bububobble-Mann auf der Messe war aber nicht das einzige Mal, dass wir direkt mit solchen betrügerischen Anbietern zu tun hatten.

Zeitsprung ins Frühjahr 2015, als wir zum zweiten Mal auf der Cosmoprof in Bologna antraten. Wieder hatten wir circa 19 000 Euro für einen Stand ausgegeben, und wie gewöhnlich schauten wir an den meisten Abenden ungeplant ein bisschen zu tief ins Glas und hielten uns tagsüber nur mit Hilfe von Adrenalin, Kaffee und Red Bull über Wasser.

Bestimmte Bereiche der Messe sind nach Ländern unterteilt, damit die Besucher Schönheitsprodukte aus ihrer Region finden können. Etwa 45 Meter von unserem Messestand entfernt stand ein Zelt, der sogenannte chinesische Pavillon.

Im Vorjahr hatte ich in der chinesischen Abteilung gefälschte Tangle Teezers entdeckt und fragte mich nervös, was mich wohl diesmal erwartete. In einer unserer seltenen Pausen machten Felix und ich die Probe aufs Exempel. Wir schlenderten herum und schauten uns an den Ständen Glätteisen, Friseurstühle, Shampoos und Haarbürsten jeder Form und Größe an. Viele zierte ein überlebensgroßes Foto einer westlichen Frau mit perfekt gestyltem glänzendem Haar, die verträumt in die Kamera schaute. Oft musste ein und dasselbe Werbefoto gleich für mehrere Produkte herhalten.

Da sah ich es. Mein Herz setzte aus. Mir brach der Schweiß aus, und Panik stieg in mir hoch: Ein kompletter, vollständiger, gefälschter *invisibobble*-Stand, der GENAUSO aussah wie unserer.

Wie bei der russischen Produktkopie, von der die Dame auf Facebook berichtet hatte, war die Verpackung dieselbe, das Logo identisch, nur diesmal sahen wir das Ganze im wirklichen Leben, an einem Stand, den jeder besuchen konnte. Sie verwendeten sogar dieselben Fotos wie wir! Wir hatten Nikis damalige Freundin Talia als Haarmodel eingesetzt – und da war sie: Ein überlebensgroßes Bild von ihr bedeckte die gesamte Rückwand des Stands. Dasselbe Bild, das wir an unserem Stand präsentierten. Keine 50 Meter weiter, auf derselben Messe. Sie hatten noch nicht einmal davor zurückgeschreckt, den Namen New Flag zu verwenden.

Ich kannte kein Halten mehr und rannte zu dem Mann an dem Stand.

»Sie kopieren unsere Produkte! Sie müssen DAS ALLES SOFORT ABBAUEN!«

Der Kerl, ein Chinese Anfang 30, schaute mich nur an und zog die Augenbrauen hoch.

»Qual è il problema?«, fragte er auf Italienisch.

»Il problema? IL PROBLEMA?!«

Ich sprach kein Italienisch, also schrie ich auf Spanisch: »¡Estás copiando nuestros productos! Necesita QUITAR ESTO INMEDIATAMENTE. ¡TODO ELLO!«

(»Sie kopieren unsere Produkte! Sie müssen DAS ALLES SOFORT ABBAUEN!«)

Er verstand mich zumindest bruchstückhaft, schüttelte aber den Kopf.

»Non rimuovo nulla. Questo è il mio marchio, queste sono le mie fotografie.«

Da ging es mit mir durch.

»NON RIMUOVO NULLA? NON RIMUOVO NULLA!« (Ich vermutete, das sollte heißen: »Ich räume hier gar nichts weg.«)

»DAS DA AN DER WAND IST **TALIA**«, schrie ich auf Englisch. »TALIA!!! SIE IST UNSER MODEL. DAS SIND NICHT IHRE FOTOS. **DAS SIND NICHT IHRE FOTOS!**«

Ich griff nach seinen *invisibobble*-Fälschungen und warf sie auf den Boden. Ich raffte ganze Hände voll Flyer zusammen, die ebenfalls unsere Bilder zierten. Ich versuchte sogar, das Poster von Talia herunterzureißen. Währenddessen sammelte er die Kartons mit Haargummis seelenruhig wieder auf und stellte sie zurück. Da versuchte ich, den Koffer zu öffnen, den er hinten am Stand stehen hatte, doch der war verschlossen. Ich fegte die falschen *invisibobbles* erneut auf den Boden. Da kam mir der Kerl so nahe, dass ich seine Spucke auf meinem Gesicht spürte, als er mich auf Italienisch anschrie, ich solle aufhören.

Ich wandte mich zu Felix um.

»Was tun wir?«

»Sag ihm, wir wenden uns an die Polizei«, meinte Felix.

»Vamos a la policia!«, rief ich auf Spanisch (in der Annahme, das italienische und das spanische Wort für »Polizei« sei sicherlich ähnlich.) Dann fiel mir das Wort »Carabinieri« ein, wie die Polizei auf Italienisch heißt.

»CARABINIERI! CARABINIERI!«, krakeelte ich.

Darauf reagierte er endlich und machte Anstalten, die Packungen mit den gefälschten *invisibobbles* wegzuräumen.

»Okay. Ich behalte Sie im Auge!«, sagte ich, und deutete mit zwei Fingern erst auf meine Augen, dann auf ihn.

Ich konnte nicht fassen, dass die Cosmoprof Kopien zuließ – keine 50 Meter vom Original entfernt.

Als wir an unseren Stand zurückkamen, fühlte ich mich richtig gut. Schließlich hatte ich einem Fälscher das Handwerk gelegt.

Ein paar Stunden später ging ich noch einmal zu seinem Stand.

Da standen die Fälschungen alle wieder da – genauso wie zuvor. Der Kerl war gerade mit einer Kundin zugange, die sich einen falschen *invisibobble* ins Haar band. Ich versuchte, ruhig zu bleiben, und ging an unseren Stand zurück.

Felix und ich wendeten uns an das Cosmoprof-Büro für geistiges Eigentum und legten dort Bilder von dem Fälscherstand vor. Sie zeigten Verständnis, erklärten uns aber, sie könnten nichts unternehmen ohne den Nachweis für das Copyright an den Fotos und forderten uns auf, die entsprechenden Dokumente vorzulegen.

Also rief ich Niki an und erklärte, was los war.

»Wir haben keine solchen Dokumente«, tönte es aus dem Telefon.

»Was soll das heißen, DU HAST DIE DOKUMENTE NICHT? Hier auf der Cosmoprof ist ein Kerl, der riesige Bilder von deiner Freundin ausstellt – nur ein paar Meter von unserem *invisibobble*-Stand entfernt, UND DU HAST KEINE UNTERLAGEN, DIE BEWEISEN, DASS DAS UNSERE FOTOS SIND??!!«

Wie sich zeigte, hatten wir tatsächlich keine Rechte an den Fotos – ein klassischer Fehler, den viele Start-ups begehen. Wir hatte keine Ahnung gehabt, dass man sich um solche Rechte kümmern musste, und das fanden wir natürlich im schlimmstmöglichen Moment heraus, als uns nur ein paar Stunden blieben, um die Angelegenheit zu regeln. Zum Glück kannte Niki den Fotografen ganz gut und bat ihn, uns die Rechte zu überlassen. Sie setzten einen Vertrag auf, unterschrieben ihn, scannten ihn ein und schickten ihn uns auf die Cosmoprof.

Mit den Papieren in der Hand begleitete uns ein Mann aus der Hauptverwaltung zu dem Stand des Italo-Chinesen. Offenbar war das keine so einfache Angelegenheit, denn es wurde viel geredet und auf die Bilder gedeutet, und der chinesische Italiener ging zu den Fotos hin, schob daran herum und redete dann unter wildem Gestikulieren wieder auf den Verwaltungsmann ein.

Der Messetyp wandte sich an mich und sagte: »Er räumt die Produkte weg. Wäre es okay, wenn er die Fotos hängen lässt?«

Ich konnte nicht fassen, was ich da hörte, aber jetzt wurde mir klar, was das ganze Armgewedel zu bedeuten hatte: Die Fotos waren fest mit dem Standgerüst verbunden, quasi Teil der Wand. Nahm man sie ab, brach der ganze Stand zusammen. *Ausgezeichnet*, sagte ich zu mir mit der Stimme von Mr. Burns aus den *Simpsons* und legte die Fingerspitzen zusammen. *Ausgezeichnet.*

»Ist mir gleich. Und wenn er ein Messer nimmt und sie aus der Wand herausschneidet. Das ist mir vollkommen egal.«

Genau das tat der italienische Chinese. Er riss, schnitt und fetzte die Fotos herunter. Er war ziemlich angefressen, stieg auf einen Stuhl und begann, auch alle Produkte von seinen Regalen auf den Boden zu werfen.

»Sind Sie jetzt zufrieden?«, fragte er auf Italienisch, wie mir die Typ von der Messeleitung übersetzte.

»Es ist mir egal, wie viel Mühe Sie sich gemacht haben, unsere Haargummis zu fälschen, unsere Verpackung abzukupfern und mit all Ihren Koffern aus China herzufliegen. Es ist mir gleich, dass Sie dieser Stand hier vermutlich an die 30 000 Euro gekostet hat. Das lässt mich total kalt«, erklärte ich.

Ob der Messemensch das alles auch übersetzt hat, werde ich nie erfahren.

Nach all unseren Erfahrungen mit Fälschungen und Kopien (und die hier beschriebenen waren längst nicht alle) wurde mir klar: Je mehr wir uns auf die Marke und ihre Optimierung fokussierten, auf die richtigen Feinheiten und auf kreative Namen und Designs auf unseren niedlichen Dreierpacks und erbarmungslose Qualitätsstandards, desto schwerer würde es Fälschern fallen, uns Kunden abspenstig zu machen. Manche der Nachmacher (übrigens auch Bububobble) sind dadurch einfach verschwunden.

Eine Bedrohung sind sie trotzdem. 2014 dachte ich zwischendurch sogar, die ganzen Kopien würden uns Kopf und Kragen kosten. Zu viele Leute hatten mir erzählt, die spiraligen Haargummis wären nur ein kurzlebiger Fashion-Trend, eine Modeerscheinung, die früher oder später wieder verschwinden würde. Ich dachte manchmal, die Kopien könnten der Anfang vom Ende sein, und dass ich vielleicht doch einen Unternehmensberater ins Boot holen müsste.

Den Zweiflern hielt ich aber immer wieder entgegen: »Das glaube ich nicht, denn das Produkt hat einen echten funktionellen Vorteil, der es grundlegend von den Haargummis unterscheidet, die bisher auf dem Markt waren – und wenn wir dafür sorgen, dass unsere Produkte von bester Qualität sind und am breitesten vertrieben werden, dann haben wir eine große Zukunft.« Ich redete mir ein, dass ja Seife und Zahnpasta und alles Mögliche andere auch kopiert wurde, aber trotzdem Unternehmen mit Markenseife und -zahncreme gute Geschäfte machten.

Am Ende wird es immer Kunden geben, die lieber das Original von *invisibobble* haben wollen, und solche, die eine billige Kopie kaufen. Wichtig ist, dass sie den Unterschied kennen – und damit meine ich die Nachahmerprodukte, die unseren ähnlich sind, aber keine richtigen Fälschungen. Manchmal lese ich in sozialen Medien Kommentare wie: »Ich habe mir heute *invisibobble*-Kopien gekauft« und denke: *Okay, alles klar – da hat sich jemand bewusst für die Billigvariante entschieden.* Ich meine, wie viel Geld kann denn eine 13-Jährige für Haarschmuck ausgeben? Es gibt Läden, die speziell auf das ganz junge Marktsegment ausgerichtet sind, und die haben ihre Berechtigung, doch unsere Zielkundin ist eigentlich eine Frau zwischen 20 und 30, die sich ihre *invisibobbles* selbst kauft. Und wir stellen fest, dass sie auch von älteren Frauen gekauft werden – für den Eigenbedarf oder für ihre Töchter.

Wir konzentrieren uns heute darauf, die Besten und die Größten zu sein – und besonders innovativ. Unsere Aufgabe als die Marke, die dieses neuartige Produkt erfunden hat, ist es, quasi der »Kategorienkönig« zu sein: der Anbieter, der die Nase vorn hat, weil er mehr, lustigere und verschiedene Haargummis kreiert, die den Kunden gefallen, weil sie so etwas zuvor noch nie gesehen haben.

14.

Alle Würmer Chinas

Was ich gelernt habe:

- China kann ein echter Kulturschock sein.
- In China gelten andere Sauberkeitsstandards.
- Wer Antworten will, muss hartnäckig bleiben.

Nachdem unser Produktionswerk durch einen Taifun zerstört worden war und wir das erst Wochen später mitgekriegt hatten, beschlossen wir, dass wir nach China fahren mussten, um mehr darüber zu erfahren, wie unsere Haargummis hergestellt wurden. Und wir mussten Notfallkapazitäten schaffen für den Fall, dass so etwas wieder passierte. Außerdem gab es damals auch kleinere Probleme mit der Qualitätssicherung, und weil wir inzwischen in einigermaßen großem Stil produzierten, potenzierten sich solche Probleme. Wir stellten fest, dass es zwischen einzelnen Chargen Farbabweichungen gab – Submarine Yellow sah manchmal eher wie Signalwestengelb aus, was nicht dem von uns gewünschten Farbton entsprach. Ab und zu stellten wir auch fest, dass unsere *invisibobbles* dicker waren als sonst – und solche Abweichungen darf es nicht geben, wenn man den Einzelhandel beliefert.

Wir fragten Mei nach den Gründen für diese Variationen und hatten das Gefühl, dass wir vom Hersteller nicht immer ehrliche Antworten bekamen. Wir wollten wissen, wie die Fabrik organisiert war, wie viele *invisibobbles* dort täglich hergestellt wurden und wie dafür gesorgt wurde, dass es keine Produktionsengpässe gab. Und wir wollten prüfen, ob die Arbeiter auch oft genug Pause machten und anständig behandelt wurden.

Das erste Mal fuhren wir im Juni 2015 nach China, als Felix seinen Abschluss in der Tasche hatte (mit Bestnoten, natürlich). Unser Werk lag an der Ostküste, in der Nähe der Hafenstadt Qingdao (aus der das bekannte Tsingtao-Bier kommt). Von Deutschland aus sind das 15 Flugstunden mit Zwischenlandung in Peking.

In China gab es damals ein System, das vorsah, dass Ausländer in Hotels mit mindestens vier Sternen untergebracht wurden. Man hätte meinen sollen, dadurch wäre ein bestimmter Standard gewährleistet worden und grundlegende Dinge wie das Einchecken würden problemlos funktionieren. Doch weil meine Mutter Spanierin ist und mein Vater Däne, habe ich zwei Pässe, und es gibt eine dänische und eine spanische Schreibweise meines Namens (ich verwende immer die dänische). Inzwischen bin ich 120 Tage im Jahr unterwegs und weiß, dass es besser ist, grundsätzlich unter meinem dänischen Namen zu buchen und nur meinen dänischen Pass zu benutzen, denn alles andere stiftet bei der Einreise zu viel Verwirrung.

Doch zurück zu unserer ersten Chinareise. Nach einem langen Flug von München nach Qingdao kamen Felix und ich endlich an unserem Hotel an, das zu einer bekannten Fünf-Sterne-Kette gehörte. Als wir aus dem Taxi stiegen, betraten wir einen prunkvollen Eingangsbereich mit einer hohen Decke und viel Rot und Gold. Wir gingen zur Rezeption und ernteten dort nur verständnislose Blicke. Ich dachte: *Wenn ich hier stehe, mit dem Koffer in der Hand, und meinen Pass vorzeige, was werde ich dann wohl wollen?* Womöglich bestand das gesamte Buchungssystem aus chinesischen Schriftzeichen, was den Durchblick erschwerte, doch es dauerte geschlagene 45 Minuten, bis die Rezeptionskraft in der Küche jemanden aufgetrieben hatte, der Englisch sprach und dolmetschen konnte.

Hungrig und erschöpft landeten wir endlich in unserem Zimmer und beschlossen, uns beim Room Service etwas zu essen zu bestellen. Die Karte war zweisprachig, Englisch und Chinesisch, und darauf standen Gerichte wie Spaghetti Bolognese, Fish and Chips und Ähnliches. Es gelang uns, auf Englisch zwei Standard-Club-Sandwiches mit Huhn, Bacon, Salat und allem Drum und Dran zu bestellen.

Endlich kamen die Sandwiches. Felix nahm einen Bissen, erstarrte, zog das Sandwich aus dem Mund und legte es auf den Teller zurück. Aus dem Sandwich kroch panisch ein WURM, der sich raupenähnlich auf den Tellerrand zubewegte und seine neue Umgebung offenbar äußerst verwirrend fand.

Felix rief die Rezeption an.

»Hallo. In unserem Essen ist ein Wurm.«

»Was? Kein Wurm im Essen. Nur Brot, Hühnchen und Bacon!«

»Schon klar, ich weiß, was in ein Club Sandwich gehört. Ich habe drei Scheiben Toast und alle anderen Zutaten zu einem normalen Club Sandwich bekommen – aber AUSSERDEM war noch ein Wurm drin«, erklärte Felix.

Die Dame kam zu uns aufs Zimmer. Der Wurm war noch auf dem Teller und nahm wohl gerade seinen ganzen Mut zusammen, um einen Fluchtweg zu suchen. Die Dame zuckte mit den Achseln.

»Wir hätten gern noch ein Club Sandwich. Ohne Wurm«, bat Felix.

»Ohne Wurm?«, fragte sie.

»OHNE WURM«, bekräftigte Felix.

»Was soll in das Sandwich hinein?«, wollte die Dame wissen.

»Brot, Salat, Hühnchen, Bacon und Tomate. Und kein Wurm. Wie es auf der Karte steht.«

Nur der Hunger hielt uns noch wach. Eine Stunde später klopfte es endlich an der Tür.

Auf dem Servierteller lag ein kleiner weißer Turm aus Toastbrot, aus dem seitlich kleine grüne Salatblättchen herausragten. Neugierig hoben wir eine der Brotscheiben ab.

Wie wir feststellten, bestand das Club Sandwich aus Brot, ein paar Salatblättern, einer weiteren Scheibe Brot, mehr Salatblättern, und einer letzten Scheibe Brot.

Ich glaube, es war nicht einmal Butter oder Mayonnaise drauf. Entnervt gaben wir auf und gingen schlafen.

Von Qingdao bis zu unserem Werk waren es drei Autostunden, und wir wollten früh da sein – schon gegen 8 Uhr, damit wir möglichst einen ganzen Tag dort verbringen konnten. Also standen wir am folgenden Morgen um 4:30 Uhr auf. Mei holte uns um 5 Uhr mit einem Fahrer ab, und der brachte uns aus der Stadt. Außerhalb ging die Asphaltstraße bald in eine Schotterpiste über.

Nachdem wir ein paar Stunden darauf entlanggerumpelt waren, kamen wir zu einem kleinen, baufällig wirkenden Gebäude am Rand eines Dorfes – unser Werk, wie Mei verkündete. *Hier werden also unsere Produkte hergestellt,* dachte ich und sah Felix mit hochgezogenen Augenbrauen in einem vermutlich müden, blassen Jetlag-Gesicht an.

Wir betraten einen länglichen, dunklen, schmalen Raum mit einem Fenster an einem Ende. Dort stand eine sichtlich schwere Maschine mit einem Metalltrichter und einem langen Fließband mit Metallschienen an beiden Seiten. Das war die Extrusionsanlage, die aus bunten Plastikpellets gerade, längliche Stücke machte, die wie Spaghetti aussahen. Diese spuckte die Maschine an einem Ende auf einen Haufen auf dem Fußboden. Im Anschluss wurden sie um einen heißen Metallstab gewickelt, um sie in spiralige Form zu bringen, und dann in Stücke geschnitten. Die Enden wurden verschweißt, und fertig war ein *invisibobble*-Haargummi.

Bevor wir auch nur eine Frage stellen konnten, mussten wir den Produktionsleiter kennenlernen und Tee trinken. Dazu setzten wir uns in ein kleines Zimmer gleich neben dem Raum mit der Maschine. Es war genauso möbliert, wie ihr euch das vielleicht vorstellt: mit großen, hochlehnigen chinesischen Stühlen mit Goldrand und Plüschpolster. Daneben stand ein Schreibtisch mit einem Computer und einem mächtigen dreidimensionalen Bildschirm, der noch aus den 1980er-Jahren stammen musste. Alle Oberflächen, die ich zu Gesicht bekam, überzog eine dünne Staubschicht.

Neben dem Rechner war ein weiterer niedriger Tisch mit einer Elektrokochplatte, auf der ein Topf voll Wasser stand. Darunter befand sich ein Blech mit einem Rost, das überkochendes Wasser auffing. Das alles stand auf einer patschnassen Tischdecke mit Teeflecken. Wir setzten uns auf die verzierten Stühle, und der Werksleiter Xin zauberte winzige, abgeplatzte Tassen hervor, deren Risse zum Teil mit Heftklammern zusammengehalten wurden. Xin war für die Produktion unserer *invisibobbles* verantwortlich. Mei verhandelte mit ihm und hielt uns über das Geschehen auf dem Laufenden. Xin waren wir zuvor noch nie begegnet.

Der Tee gehörte zur traditionellen chinesischen Gastfreundschaft. Ihn nicht zu trinken, ist der schlimmste Faux-pas.

»Ich trinke das auf keinen Fall«, sagte Felix gerade. Felix hat ein bisschen Angst vor Bakterien.

»Also gut, dann opfere ich mich diesmal fürs Team«, sagte ich, nickte und lächelte in dem Bewusstsein, dass uns Xin nicht verstehen konnte.

Ich nahm einen Schluck, dachte *und wenn ich daran sterbe* und lächelte Xin freundlich an. Dieser schenkte mir unverzüglich nach – und Felix ebenfalls, obwohl der seine Tasse nicht angerührt hatte. Ich stellte meine Tasse auf den Rost, nachdem ich einen weiteren Schluck genommen hatte, und er füllte sie erneut. Prompt lief der Tee über und tropfte erst auf das Tischtuch und dann auf den Boden, wo er in der Fußmatte versickerte. Xin schenkte immer wieder nach, obwohl ich nichts mehr trank, und der Tee schwappte munter auf den Boden.

Währenddessen versuchten wir, Xin mit dem Umweg über Mei Fragen zu stellen – darüber, wie er die Fabrik organisierte, wie er Mitarbeiter fand und warum die *invisibobbles* ungeschützt in einem Haufen auf dem Fußboden landeten.

»Wie oft reinigen Sie die Maschine?«, wollte ich wissen. Mei übersetzte. Xin schwieg eine ganze Weile.

Dann fragte Mei zurück: »Reinigen?«

»Ja. Sehen Sie, die Maschine ist schmutzig – sieht aus, als sei sie schon länger nicht gereinigt worden.«

Mei und Xin sprachen fünf Minuten lang, dann sagte Mei schließlich:

»Er reinigt die Maschine nicht.«

Mir wurde leicht übel. Wenn er so mit seinem Gerät umging, wie machte er das dann mit dem Tee, den er servierte? Und wie sauber können unsere *invisibobbles* sein, wenn sie aus dieser Maschine kommen?

Irgendwann musste ich zur Toilette und erkundigte mich nach dem Weg. Durch das andere Zimmer und am Ende links, erklärte mir Mei und zeigte auf eine Tür gleich neben dem tropfenden Teetisch.

Ich öffnete die Tür und stand in einem Schlafzimmer. Es war vollgestopft mit allem möglichen Zeug, das sich fast bis zur Decke stapelte. Darüber war ein Laken gebreitet. Ich linste hinter das Laken und sah Kartons mit Spielzeug mit chinesischen Schriftzeichen darauf, kleine Elektrokocher, in ein Kinderauto aus Plastik verstaut, und jede Menge Flauschdecken, wie sie draußen auf den chinesischen Stühlen lagen – ganze Haufen. Links vom Bett war eine Tür. Dahinter befand sich so ziemlich die ekelhafteste Toilette, die ich je gesehen hatte: am einen Ende ein rissiges Waschbecken ohne Seife oder Handtuch, am anderen Ende ein Klo.

Ein Klo, wie ich noch keins gesehen hatte.

Es war mit einem fleckigen rosafarbenen Flausch überzogen – und zwar nicht nur der Deckel, sondern auch der Sitz. Und wenn ich Flausch sage, meine ich Superflausch. Ich schaute mir das an und dachte: *Das ist das Klo eines Mannes, der mir gerade erzählt hat, dass er die Extrusionsmaschine noch nie gereinigt hat.*

Auf keinen Fall würde ich mich mit nacktem Hintern auf diesen Flauschsitz setzen. Und wenn mir die Blase platzte.

Der erste Tag war frustrierend. Wir hatten nicht das Gefühl, dass wir erfuhren, was wir über die Produktion wissen wollten, und wir wussten, dass wir vieles verbessern mussten. Doch bevor wir ins Hotel zurückkonnten, um zusammen einen Plan auszuhecken, fuhren wir mit Mei und Xin in den nächsten Ort zum Abendessen. Das Restaurant war ein hallenartiger Bau voller runder Tische mit kreisförmigen Drehplatten, von denen sich die Gäste bedienen konnten. Am Eingang standen große Tanks mit lebendigen Meeresfrüchten. Dort konnten sich die Gäste aussuchen, was sie essen wollten.

Felix und mir fiel gleich ein blasser Seewurm auf, der – ganz ehrlich – genauso aussah wie ein langer, schlaffer Penis. An einem Ende hatte er eine Öffnung, die sich öffnete und schloss – damit er atmen konnte, vermutete ich. Er wand sich in der Mitte des Aquariums, wich den Zangen der Krustentiere aus und tauchte immer wieder nach oben, um Luft zu holen.

Felix und ich fanden das faszinierend und zeigten darauf, was Mei annehmen ließ, wir wollten den Peniswurm essen (was war das hier nur mit Würmern?). Wir versicherten ihr eilig, dass wir das wirklich nicht wollten. Dann deuteten wir auf ein paar winzige, bräunliche, knochig wirkende Dinger in einer glänzenden Sauce, die neben dem Aquarium auf dem Büfett standen – Entenzungen, wie sich herausstellte.

Unsere Faszination so offen zu zeigen, war keine gute Idee gewesen. Denn als wir beharrten, dass wir weder den Peniswurm noch die Zungen essen wollten, sagte Mei bloß: »Keine falsche Bescheidenheit!«, und bestellte trotzdem davon. Da mischte sich Felix ein und erklärte, sie solle das nur ordern, wenn sie es auch essen wolle – wir würden das nicht tun.

Nach dieser Erfahrung schützten wir nach unseren langen Tagen abends immer Müdigkeit vor und aßen lieber in unserem Hotel.

Am nächsten Tag luden wir uns dann beim Frühstück auf, so viel wir essen konnten: Eier, Toast, Kartoffelpuffer, Pfannkuchen, Obst, Joghurt und Waffeln. Wir bestrichen Bagels mit Frischkäse und Croissants mit Marmelade, wickelten sie ein und steckten sie in die Tasche, um tagsüber heimlich immer mal wieder einen Bissen davon zu essen.

15.

Mei und die nicht vorhandene *invisibobble*-Fabrik, zweiter Akt

Was ich gelernt habe:

- Wer in China aufs Land fährt, muss alles Mögliche an Essbarem probieren.
- Wer im Ausland ein Mädchen für alles beschäftigt, muss dessen Aufgaben GANZ GENAU festlegen.
- Die Produktion ist lebenswichtig, und wir brauchten unbedingt einen engagierten Menschen, der von Anfang an ein Auge darauf hatte.

Am zweiten Tag unseres Chinabesuchs fuhren wir wieder zur Fabrik, stellten weitere Fragen und versuchten, Antworten darauf zu bekommen. Nach dem Essen mit Mei und Xin und unserer zweiten Begegnung mit Würmern auf dem Teller waren Felix und ich ins Hotel zurückgefahren und hatten eine lange Liste mit Dingen geschrieben, die wir Xin erklären mussten, und Dingen, die wir nicht verstanden. Wir hatten nicht in Erfahrung bringen können, wie viele Haargummis pro Tag produziert wurden, und wir hatten niemanden wirklich an der Maschine arbeiten oder die Enden der Haargummis zum Kreis verschweißen sehen, weil am zurückliegenden Tag nur Xin anwesend gewesen war.

Wir wollten das alles wissen, weil unsere Kunden aus dem Einzelhandel Prüfer schicken würden. Wir mussten den Arbeitern aber auch begreiflich machen, wie wichtig es war, die Farben und Stärken der *invisibobbles* richtig hinzubekommen, und dass die Größe genau stimmen musste, damit sie gut in die Verpackung passten. Nur so würden sie nach Massenproduktion aussehen und für alle Einzelhändler und Friseure, die sie anboten, und für alle Kunden, die sie im Haar trugen, genau gleich sein.

Nach unserem Weckanruf in aller Frühe verließen wir unser Hotel in Qingdao, die Taschen voller stibitzter Fressalien vom Frühstück, setzten uns wieder ins Auto und rumpelten drei Stunden lang durch die Pampa. Sobald man eindöste, knallte unweigerlich der Kopf gegen die Scheibe. Als wir an der Fabrik ankamen, war wieder nur Xin da. Aber zumindest war die Extrusionsmaschine gereinigt worden. Wie sich zeigte, war sie gar nicht schwarz, sondern silberfarben. Und am Ende stand jetzt ein Eimer, sodass die unverschweißten *invisibobble*-Streifen nicht mehr einfach auf dem Boden landeten.

Wir gingen unsere Liste durch, und auf alle unsere Fragen kam meist nur ein »Okay«. So sagte ich zum Beispiel: »Können Sie sicherstellen, dass alle *invisibobbles* immer die gleiche Stärke haben?« Mei übersetzte. Xin nickte und gab eine einsilbige Antwort. Dann sagte ich: »Die

Farben müssen unbedingt einheitlich sein. Können Sie dafür sorgen, dass es keine Abweichungen gibt?« Wieder nickte Xin mit großen Augen. Dann erkundigten wir uns, wie die *invisibobbles* in die Spiralform gebracht, geschnitten und verschweißt wurden. Wir wollten unbedingt wissen, wie der lange bunte Plastikstreifen, der aus der Maschine kam, in die richtige Länge geschnitten wurde.

Nach langem Hin und Her zwischen Mei und Xin kam die Antwort: »Wir schneiden sie eben.«

»Aber wie sorgen Sie dafür, dass die Länge stimmt?«, hakte ich nach.

»Er sagt: ›Wir schneiden sie eben‹«, meinte Mei.

Ich holte tief Luft.

»Können Sie mir zeigen, wie sie geschnitten werden?«

Das war offenbar die allerschwierigste Frage bisher. Nach langer Diskussion zwischen Mei und Xin hob dieser die Hand und machte mit den Fingern eine Scherenbewegung.

»Nein«, erklärte ich. »Ich möchte, dass Sie mir physisch vorführen, wie genau Sie das Material in Streifen schneiden.« Ich hob einen *invisibobble*-Streifen auf und legte ihn auf den Tisch.

»Wir schneiden sie – so«, sagte Mei, während Xin es nur mit einer Schere, ohne Lineal, demonstrierte.

Es gelang uns, ein Lineal aufzutreiben und auf dem Tisch anzuzeichnen, wie lang jeder *invisibobble* genau werden sollte. Wir setzten mehrere solche Markierungen auf den Tisch, an dem angeblich sonst die Arbeiter saßen, die die Streifen in die richtige Länge brachten.

Die Messarbeit hatte fast den ganzen Vormittag in Anspruch genommen, und zu Mittag luden uns die Chinesen in ein Nebengebäude ein. In der Fabrik war es furchtbar kalt, im Pausenraum bullig warm, weshalb wir einerseits froh waren, dass wir hineindurften – andererseits aber auch wieder nicht, denn das Speisenangebot jagte uns Angst ein.

Obwohl wir uns ja beim Frühstück mit Proviant eingedeckt hatten, hatten wir es nicht geschafft, unbemerkt davon zu essen. Warum auch immer, Felix war offenbar der Ansicht, dass ich an der Reihe sei, höflich zu sein und so zu tun, als schmecke mir das Essen. Es wurde ein Teller mit glänzenden, karamellfarbenen Fleischstücken aufgetragen, aus denen beidseitig Knochen herausragten. Sie sahen frisch aus und dampften noch. Ich biss hinein. Es schmeckte wie Hühnchen in Sojasauce – gar nicht schlecht. Also nickte ich und lächelte. Wer etwas mag, bekommt mehr davon – so ist das in China Sitte. Prompt wurde noch ein Teller aufgetragen. Xin lächelte und sagte etwas zu Mei.

»Er sagt: ›Du magst geschmorte Sauklauen!‹«, sagte Mei.

»Sauklauen?«, meinte Felix und genoss in vollen Zügen, wie mir der Bissen im Hals stecken blieb.

»Ja, wie sagt ihr denn dazu? Schweinsfüße!«

Ich versuchte tapfer, zu lächeln, obwohl ich am liebsten auf den Boden gespuckt hätte, was ich im Mund hatte. Ich schluckte und beschloss, bei nächster Gelegenheit unbedingt daran zu denken, dass Felix dran war, für das Team den Kopf hinzuhalten.

Wir hatten noch viele Fragen, die sich weder an diesem noch am nächsten Tag klären ließen, doch Mei versprach immer wieder, sie werde uns Antworten liefern – zum Beispiel dazu, wie viele Menschen hier arbeiteten, wie viel Material die Maschine jeden Tag extrudierte, wie viele *invisibobbles* pro Stunde und Tag produziert wurden, wie die Arbeitszeiten waren und wie viele Pausen die Arbeiter bekamen.

Bei jeder konkreten Frage zur Produktion wandte sich Mei an Xin, der gewöhnlich nach längerem Hin und Her antwortete. Wir interessierten uns für Details wie Größen, Mengen, Gewichte, Abmessungen, Stundensätze (im Vergleich zu Tages- oder Monatssätzen), also für ganz spezifische Dinge. Außerdem wollten wir Arbeitsverträge einsehen und Unterlagen, die nachwiesen, welche Arbeiter jeden Tag ein- und ausstempelten.

Auf eine besonders detaillierte Frage entgegnete Mei: »Kein Computer.«

»Kein Computer?«, fragte ich zurück und versuchte, die Fassung zu wahren, während ich zu Felix schaute.

»Wir können die Zahl auf dem Rechner nicht prüfen, weil ihn Xins Großmutter ausgeliehen hat.«

Felix stand gerade hinter Mei und Xin, zog die Augenbrauen hoch, machte einen Buckel und tat so, als würde er mit zwei Fingern tippen. Ich schluckte und musste mir einen Lachanfall verbeißen.

»Wo wohnt Xins Großmutter denn? Können wir nicht vorbeifahren und den Rechner holen? Wir haben doch einen Fahrer«, schlug ich vor. Es folgte ein langes Gespräch zwischen Mei und Xin.

»Er sagt: ›Sein Cousin hat den Computer bei der Großmutter abgeholt, er braucht ihn für eine Hochzeit‹«, erklärte Mei.

Eine Hochzeit?

»Die Hochzeit ist in zwei Wochen, sie fahren auf dem Schiff und haben den Computer«, sagte sie.

Na klar, was denn sonst? Das ist natürlich ein guter Grund, dachte ich.

Felix entfuhr ein leises furzendes Geräusch, und ich drehte mich schnell um, hielt mir die Hand vors Gesicht und tat so, als müsste ich niesen. Verzweifelt versuchte ich, das Lachen zu unterdrücken. Mir fiel nichts Besseres ein, als in die schmuddelige Küchenecke zu gehen und mir eine Tasse von dem grauen Tee zu nehmen. Keine gute Idee, denn sogleich eilte Xin herbei, um mir einzuschenken. Wohl oder übel nahm ich einen Schluck, musste dabei aber so lachen, dass mir der Tee aus der Nase floss. Ich schützte plötzliche Erkältungssymptome vor. Gleichzeitig stieg eine Frustwelle in mir hoch und trieb mir Tränen in die Augen. Wir waren extra bis nach China gereist, um unsere Produktionsprobleme zu lösen, und kamen KEINEN SCHRITT voran. Fast konnte man den Eindruck bekommen, die beiden hielten uns zum Narren.

»Xin sagt, er weiß alle Antworten und sagt euch die Zahlen. Ihr könnt sie aufschreiben, dann habt ihr sie schwarz auf weiß«, erklärte Mei.

Was blieb uns übrig? Wir stimmten zu, und nach und nach beantwortete Xin unsere Fragen. Mei übersetzte. Xin schaute dabei nicht ein einziges Mal auf einen Zettel oder in einen Ordner, um sich zu vergewissern. Hatte er das alles wirklich im Kopf? Felix notierte sich jede Zahl, die er uns sagte, damit wir später in unserem Hotel mit dem prächtigen goldenen Eingang und den Salat-und-Brot-Club-Sandwiches alles nachrechnen konnten.

Wir hatten aber immer noch nicht gesehen, wie die Plastikstreifen in Spiralform gebracht und die Enden verschweißt wurden, damit am Ende ein runder *invisibobble* entstand. Ganz zu schweigen von der Verpackung. Wo wurden die *invisibobbles* denn eingepackt – immer drei in eine Schachtel? Wer beaufsichtigte das?

Xin erklärte sich bereit, uns zu zeigen, wie die *invisibobbles* eingedreht und verschweißt wurden – und versetzte uns damit einen furchtbaren Schock. Die Schweißerei befand sich gleich neben der Fabrik mit der Extrusionsmaschine. Sie bestand aus einem Tisch mit sechs Stühlen. Auf dem Tisch standen die glühend heißen Metallstäbe, und drum herum saßen Arbeiter, die beide Enden der *invisibobbles* an den heißen Stab hielten und dann zusammendrückten, damit sie verklebten. Sie trugen weder Handschuhe noch Schutzbrillen und arbeiteten mit bloßen Händen. Wir forderten sofort, dass sie zumindest Handschuhe und Schutzmasken bekommen mussten, erfuhren aber später, dass diese Arbeit überwiegend von Landarbeitern erledigt wurde, die sich abends noch etwas hinzuverdienten. Sie bekamen einen Lötkolben und schweißten zu Hause *invisibobbles* zusammen. (Dabei ist das gar nicht so einfach – ich habe das mal versucht und für einen einzigen ganze sechs Minuten gebraucht.)

Uns war klar: Wir hatten eine gewaltige Aufgabe vor uns, wenn wir die Produktion optimieren, für bessere Arbeitsbedingungen sorgen und sicherstellen wollten, dass die *invisibobbles* in bester Qualität gefertigt wurden.

Ein weiterer Punkt, den wir unbedingt klären wollten: Warum wirkten die Farben manchmal blasser, ein andermal zu dunkel oder zu knallig? Wo wurden die *invisibobble*-Spiralen denn eigentlich eingefärbt? Wo wurden die Farben gemischt und abgewogen? Wir drängten bei Xin und Mei auf Antworten, und schließlich erklärte sich der Farblieferant bereit, uns zu zeigen, wo er arbeitete.

Ich fragte mich, wie die Farbfabrik wohl aussehen würde. Ich stellte mir Regale mit großen Glasgefäßen voller verschiedener Farbpulver in einer Reihe vor, angefangen ganz oben mit Schwarz und Anthrazit, dann Nachtblau, Dunkelgrün, Grasgrün, Gelb, Orange, Rot, Rosa und Lila. Vor meinem inneren Auge entfaltete sich ein Regenbogen vom Boden bis zur Decke – eine fantastische inspirierende Welt der Farben.

In Wirklichkeit sah es dort aus wie auf einer Müllkippe.

Vor lauter Schrott, der herumlag, konnten wir die Farbpulver gar nicht sehen. Ganz ähnlich wie in der *invisibobble*-Fabrik türmten sich auch hier Kartons mit Spielzeug, Matratzen, ein paar Elektrogeräte und

Teppichrollen. Farbpigmente sah man kaum, nur auf einem kleinen Arbeitstisch mit einer Waage und wenigen winzigen Gläschen.

Wir setzten uns mit dem Manager zusammen (diesmal war Felix an der Reihe, den Spülwassertee hinunterzuwürgen) und versuchten, mit Meis Hilfe zu erklären, wie wichtig es war, dass die Farben korrekt abgemessen wurden. Er lächelte, nickte, lächelte und nickte dazu. Auch hier musste ich auf die Toilette, und der Knabe zeigte nach hinten. Dort war aber keine richtige Toilette, sondern ein mit einem Vorhang notdürftig abgetrennter Bereich mit ein paar Eimern auf dem Boden. Ich suchte nach einem Klo, fand aber keins. Es war dort hinten ziemlich dunkel, und als sich meine Augen an das schlechte Licht gewöhnt hatten, sah ich, dass die Eimer voll Flüssigkeit waren – voll Pisse.

Warum auch immer, an jenem Tag beschlossen wir, uns mit Mei von dem Mann fotografieren zu lassen. Wenn ich das Foto heute anschaue, muss ich sagen: Felix und ich sehen furchtbar aus – wie zwei Kinder, deren Eltern man gerade hingerichtet hat. Der Schock, zu sehen, unter welchen Bedingungen manche Menschen hier arbeiteten, die Erschöpfung von der Reise, die Sprachbarriere, das ungewohnte Essen, der Schmutz und die Tatsache, dass keine unserer Fragen klar beantwortet wurde, waren uns deutlich anzusehen. Wir wirkten blass, verunsichert und verloren.

Wie in aller Welt sollten wir unsere Fabrik auf den notwendigen Standard bringen, um die Anforderungen unseres eigenen Unternehmens und der Prüfer unserer Einzelhändler zu erfüllen – von den chinesischen Arbeitern ganz zu schweigen?

Am Abend gelang es uns, uns vor dem Abendessen mit Mei zu drücken. Ich wollte unbedingt etwas ganz Normales essen und hatte am Rand von Qingdao eine KFC-Filiale entdeckt – ›Kentucky Fried Chicken‹. Eigentlich mag ich Schnellrestaurants nicht besonders, doch damals wäre mir nichts eingefallen, was ich lieber gegessen hätte als einen Eimer voller süß duftender, heißer, panierter, frittierter Hühnerteile.

Nachdem wir fünf Minuten lang mit dem Mitarbeitern im Restaurant hin- und herdiskutiert hatten, reichte man uns schließlich einen kleinen Becher. Ein Eimer war das nicht, und es waren auch keine frittierten Hühnerteile drin, sondern ein paar Chicken Wings in Sojasauce auf Reis. So etwas hatte ich bei KFC noch nie bekommen, aber ich aß.

Die meisten Toiletten in China sind vom Typ Loch-im-Boden. Man hockt sich einfach darüber, und irgendwie gewöhnt man sich dran. Bei KFC musste ich ein bisschen suchen, doch schließlich fand ich die Tür zur Toilette. Einzahl, ihr versteht? Doch statt in einer kleinen geschlossenen Kabine, die alle im Restaurant benutzen mussten, stand ich in einem großen Gemeinschaftsklo mit mehreren Löchern nebeneinander im Boden – ohne Trennwände, wo sich Männer und Frauen voreinander gleichzeitig erleichterten.

Schon möglich, dass das für Chinesen normal war. Ich konnte mich dazu nicht überwinden. Ich machte auf dem Absatz kehrt und verließ das Restaurant. Ich weiß, dass es nicht überall auf der Welt gleich zugeht, aber diese Toilettensituation war für uns der größte Kulturschock überhaupt.

Am Ende ließ ich den Fahrer mitten auf der Strecke halten, sprang aus dem Auto und hinter den nächsten Busch, ließ die Hose herunter und hockte mich im Dunkeln an den Straßenrand. Ob mich jemand sehen konnte oder ob ich von einer giftigen Spinne gebissen werden würde, war mir in dem Moment vollkommen egal.

Der nächste Tag in der Fabrik brachte wenig Neues und noch weniger Antworten. Wieder hatten wir das Frühstücksbüfett im Hotel geplündert, tranken möglichst wenig, um ja nicht aufs Klo zu müssen, nippten abwechselnd von dem chinesischen Tee und kamen zumindest so weit, dass Mei begriff, dass Xin jeden Tag prüfen müsste, ob alle Maße korrekt waren. Besonders viel erreicht hatten wir noch immer nicht.

Weil alles so vage, so schmuddelig und unprofessionell wirkte, hatten wir immer mehr das Gefühl, dass wir belogen wurden – dass womöglich andere Fabriken an der Produktion beteiligt waren. Mei lieferte uns keine Antworten, und die ganze Angelegenheit schien sich zu einer einzigen großen Lüge auszuwachsen. Doch wir mussten einfach erfahren, wie der ganze Prozess wirklich ablief – im Idealfall unter einem Dach –, damit wir ihn prüfen lassen konnten.

Wir begannen heimlich, die Gespräche zwischen Mei und Xin aufzunehmen, denn nach dem ersten Tag, an dem wir keine vernünftige Antwort bekommen hatten und der Produktionsleiter ganz offensichtlich Zahlen aus der Luft gegriffen hatte, waren wir äußerst misstrauisch geworden. Wir schickten die Aufnahme einem chinesischen Freund und baten ihn, sie für uns zu übersetzen. Er sagte, es seien ganz normale Gespräche. Nichts daran sei fragwürdig.

Also änderten wir unsere Taktik: Am nächsten Tag tauchten wir unangemeldet in der Fabrik auf – ohne Mei. Die Extrusionsmaschine war ausgeschaltet, und wir stießen auf etwa sechs chinesische Arbeiter, die versandfertige *invisibobbles* in Kartons packten. Da es wenig sinnvoll schien, dass eine ganze Fabrik über Nacht in eine Packstation verwandelt wurde, fragten wir, was da vor sich ging, und man erklärte uns lapidar, heute sei Packtag.

Die Arbeiter öffneten große Tüten voller *invisibobbles* und schichteten diese in Kartons. Wieso machten sie sich die Mühe, unsere Produkte in große Tüten zu füllen, um sie dann wieder aufzureißen und die Haargummis in Kartons zu packen? Wir standen vor einem Rätsel.

Ich schaute mir die Tüten genauer an. Sie trugen Etiketten mit chinesischen Schriftzeichen. Mei erklärte später, das seien ›Chargennummern‹, was immer das heißen mochte. Wir machten ein Foto, und als wir wieder in München waren, übersetzte unser chinesischer Freund für uns, was darauf stand.

Es war keine Chargennummer, sondern eine Adresse in der Stadt Linfen, fast 1000 Kilometer von Qingdao entfernt.

Meine Schulfreundin Hope hatte immer von einer Karriere im Ölhandel geträumt, weil das eine dynamische Männerdomäne war, in der sie sich profilieren und mit einer aufregenden Tätigkeit einen Haufen Geld verdienen konnte, wie sie glaubte.

Sie schrieb Bewerbungen und verbrachte ganze Tage damit, auf einer Plattform, die die Bank für Stellenbewerber eingerichtet hatte, Mustertransaktionen durchzuführen, während ihr irgendein überheblicher Kerl über die Schulter schaute und ihre Gewinnmargen bemäkelte. Hope fand, wenn der Einstellungstest schon so ablief – eine »schreckliche, durch und durch negative Erfahrung«, wie sie es beschrieb –, dann wäre die eigentliche Arbeit bei einer solchen Bank sicherlich noch schlimmer. Wir sprachen darüber, ob sie nicht vielleicht bei *invisibobble* anfangen wolle.

Dass *invisibobble* ernst zu nehmen war, wusste Hope schon seit ein paar Jahren – seit wir damals nach Barcelona gefahren waren und ich die ganze Zeit über Rechnungen geschrieben hatte. Inzwischen, besagte paar Jahre später, lebte ich in München und Hope in London. Sie ist Britin, hatte nach meinem Abschluss noch einen Master draufgesetzt und mich schon mehrmals in Deutschland besucht. Jedes Mal zeigte ich ihr dann meine Lieblingsrestaurants und sagte: »Dort gehe ich gern dienstags essen« oder so. Hope antwortete dann: »Wie nett«, und wechselte das Thema. Ich versuchte, vorsichtig zu sondieren, ob für sie ein Umzug nach München und ein Job bei *invisibobble* infrage käme, denn sie ist superintelligent, sehr genau und hat viel mehr Sinn für Logistik als ich. Ich dachte, im operativen Geschäft oder vielleicht im Vertrieb könne sie richtig gut sein.

Je mehr ich ihr über das Unternehmen erzählte, desto größer wurde ihr Interesse. Wir sprachen ziemlich offen. Ich erklärte ihr, dass wir ein paar Vertriebsleute hatten und in diesem Bereich ganz gut aufgestellt waren, und dass wir Ideen für neue Produkte hatten, die wir entwickeln wollten. Doch weil sich Hope so auf den Ölhandel fixiert hatte, befürchtete sie, nicht die richtigen Kompetenzen für *invisibobble* mitzubringen. Außerdem hatte sie absolut keinen Schimmer von der Schönheitsbranche.

Ich wies sie darauf hin, dass Felix und ich am Anfang auch keinen Schimmer von der Schönheitsbranche gehabt hatten, erzählte ihr aber im Vertrauen, dass wir im Vorjahr fast 7 Millionen Dollar Umsatz erzielt hatten – in unserem dritten vollständigen Geschäftsjahr.

In diese Zeit fiel mein 22. Geburtstag, den ich in London feierte – in einem angesagten chinesischen Restaurant. Wir sprachen alle kräftig dem Alkohol zu. Ich hielt es für eine gute Idee, Hope wie zufällig neben Dani zu setzen (die beiden kannten sich damals noch nicht), damit er prüfen konnte, ob sie sich als Mitarbeiterin für *invisibobble* eignete. Da sie meine Freundin war, wollte ich gern eine objektive Meinung dazu hören, ob sie zu uns passte. Wir saßen an einem ziemlich langen Tisch, Hope und Dani mir gegenüber und Felix neben mir, damit ich mithören konnte, worüber sie sich unterhielten.

Hope ist gegen alle möglichen Nahrungsmittel allergisch und hatte sich daher etwas ganz anderes bestellt als alle anderen – Entensalat nämlich. Wie sich herausstellen sollte, schmeckte Dani dieser besser als alles, was sonst noch auf der Karte stand. Hope spürte wohl, dass sie Dani beeindrucken musste. Also bot sie ihm etwas von ihrem Essen an.

Dani löcherte Hope über die Ölbranche, und zwar in allen Einzelheiten. Er ist nun mal ein Mensch, der alles ganz genau wissen will

– als wolle er prüfen, ob sein Gegenüber auch *wirklich* weiß, wovon es spricht. Während Dani also Hopes Entensalat verspeiste, erzählte sie ihm alles über den Ölhandel, und ich trank mir auf der anderen Seite des Tisches einen kapitalen Rausch an. Hope schob sich zwischendurch etwas Krabbenbrot in den Mund und beantwortete brav alle Fragen. Dabei schaute sie immer mal wieder zu mir rüber, als wollte sie sagen: *Wer ist der Kerl?* Von mir bekam sie aber keine vernünftige Antwort, denn schließlich war ich das Geburtstagskind – und inzwischen beim Schnaps angelangt. Irgendwann brach Dani auf, und wir zogen in einen Club weiter, wo auch Hope endlich einen Schluck trinken konnte. Mit einem konventionellen Vorstellungsgespräch hatte das wenig zu tun.

Dani zeigte sich jedoch ziemlich beeindruckt, und wir einigten uns schließlich darauf, dass Hope nach München kommen und für *invisibobble* arbeiten sollte – unter dem vagen Titel einer »Projektmanagerin« im Forschungs- und Entwicklungsteam. Später avancierte sie zur Leiterin der Forschung und Entwicklung, was eine Zeit lang nahtlos in die Rolle einer Produktionsleiterin überging, weil wir ein schwerwiegendes Problem mit der Fertigung in China hatten, das wir dringend lösen mussten.

Ein paar Jahre zuvor war Hope mit dem Schulchor in Peking gewesen und hatte dort bei einem chinesischen Mädchen und deren Familie gewohnt. Eines Freitagabends ging Hope zu ihrer Gastschwester ins Zimmer und fragte, was sie am Abend vorhabe.

»Ich schaue *Grey's Anatomy*«, meinte diese.

Hope sah sich um, konnte aber keinen Fernseher entdecken, nur ein großes, aufgeschlagenes Physiklehrbuch, das das Mädchen auf dem Schoß hielt, während es im Schneidersitz auf dem Bett saß.

Die kleine Chinesin tat so, als würde sie nicht arbeiten. Hope deutete das als kulturelle Eigenheit – wie bei manchen Schülern, die viel lernten, aber immer heimlich, damit sie cool wirkten und so tun konnten, als hätten sie mühelos gute Noten. Tatsächlich lernten sie aber 18 Stunden am Tag, damit ihre Eltern zufrieden waren. Die Eltern der Chinesin waren superstreng, und die Familie lebte in einem monotonen grauen Komplex, wo Hopes Gastgeberin und ihre Schwester jeden Tag zwei Stunden Geige übten, wenn sie nicht gerade lernten.

Hopes erster Eindruck von China war der von einem sicheren, stark reglementierten und todlangweiligen Land. Doch das sollte sich drastisch ändern.

Nach unserer ersten Chinareise merkten wir, dass wir unbedingt einen Plan B brauchten. Dafür sollte Hope sorgen. Von Mei erfuhren wir immer noch nicht mehr darüber, wie unsere *invisibobbles* hergestellt wurden oder wie viele täglich produziert wurden oder wie sie die Qualitätssicherung gewährleistete (haha!). Wir hatten noch keine schriftlichen Gesundheits- und Sicherheitsstandards für das Personal zu Gesicht bekommen und keine Ahnung, ob die Handschuhe und Schutzbrillen, die wir für die Arbeiter angeschafft hatten, auch verwendet wurden.

Wir beschlossen, nichts mehr zu bestellen, bis wir Antworten bekamen – was bedeutete, dass die Fabrik kein Geld mehr von Mei bekam.

Nachdem wir mehrere Wochen nichts mehr geordert hatten (Mei war sehr still geworden), kam eine E-Mail, die ungefähr folgendermaßen lautete: »Hallo, ich vertrete Ihre Fabrik in Linfen. Sie haben uns seit zwei Wochen nicht bezahlt. Was ist los?«

Linfen? Wir hatten dort keine Fabrik. Ungläubig antworteten wir und baten um Belege dafür, dass sie dort *invisibobbles* produzierten. Daraufhin erhielten wir die Rechnungen und alle Papiere, um die wir Mei gebeten hatten – mit Angaben zur genauen Anzahl von Produkten, die sie für uns hergestellt hatten, und zu den täglichen, wöchentlichen und monatlichen Produktionsmengen – bis hin zu den belieferten Friseursalons und Einzelhändlern.

Wie sich herausstellte, wurden die *invisibobbles* schon seit DREI JAHREN nicht mehr in Qingdao, sondern in Linfen produziert – wie gesagt fast 1000 Kilometer von Qingdao entfernt. Mehrere E-Mails später wussten wir, dass es mehr als eine Fabrik in China gab, die *invisibobbles* produzierte, die dann nach Qingdao geschickt wurden. In der Fabrik in Qingdao wurden die *invisibobbles* lediglich verpackt, was Mei die ganze Zeit über gewusst hatte. Ja, sie hatte das alles orchestriert.

Wir fanden heraus, dass Mei die Produktion unserer Haargummis an verschiedene Fabriken ausgelagert hatte, die jeden Monat Tausende von *invisibobbles* auf der Straße nach Qingdao transportieren ließen, wo sie verpackt und versendet wurden. Sie bezahlte die Fabrik in Linfen und andere, nahm dann einen ORDENTLICHEN Aufschlag auf den Produktionspreis vor, rechnete ihr Honorar hinzu und reichte diese Kosten an uns weiter. Die ganze Zeit über tat sie so, als würden unsere Produkte in der Fabrik in Qingdao produziert. Mei hatte Felix und mir geschickt ihre Dienste verkauft und uns erklärt, sie würde sich für uns um Hersteller kümmern. Wie sich zeigte, hatte sie aber gar keine direkten Kontakte zu den Fabriken, die auf die Plastikproduktion spezialisiert waren, und sie hatte sich auch gar nicht um diesen Prozess gekümmert. Kein Wunder also, wenn unsere Haargummis manchmal komische Farben hatten oder Größenabweichungen vorlagen.

Wir fragten bei der Fabrik in Linfen nach, was sie Mei für die Produktion von *invisibobbles* berechnete, und bei der Antwort wussten wir nicht, ob wir uns erbrechen oder ob wir heulen sollten. Wir rechneten aus, dass uns Mei mehr als 800 000 Euro pro Jahr zu viel berechnet hatte. Über drei Jahre hatte sie uns um etwa 2,5 Millionen Euro betrogen.

Noch einmal: Wir waren um 2,5 Millionen Euro betrogen worden.

So ein Betrag kann ein kleines Unternehmen vernichten. Weil sich die *invisibobbles* so gut verkauften, hatten wir es trotzdem geschafft. Dennoch waren wir außer uns vor Wut – und natürlich zerrten wir Mei vor Gericht.

Doch den Prozess verloren wir.

Wir verloren, weil es für den Richter keinen Unterschied machte, ob Mei die Produkte direkt von einer Fabrik bezog und den Produktionsprozess steuerte, wie sie uns erklärt hatte, oder den gesamten Produktionsprozess an mehrere andere verschiedene Fabriken auslagerte und sich in Qingdao nur um die Verpackung und den Versand kümmerte. Sie hatte uns nach Strich und Faden belogen. Wir waren zornig und verzweifelt, doch es half nichts: Irgendwie musste es ja weitergehen.

16.

Das Mädchen mit den gelben Haaren und das Mädchen mit den orangefarbenen Haaren

Was ich gelernt habe:

- Hühner können Fertigungsstraßen überqueren.
- Im größeren Stil lassen sich Plastikprodukte im Grunde nur in China produzieren.
- In China muss um jeden Preis ›das Gesicht gewahrt‹ werden – dagegen ist kaum anzukommen.

Nach dem Desaster mit Mei mussten wir unbedingt herausfinden, welche Fabrik in Linfen *invisibobbles* herstellte – und uns war klar, dass wir uns auch nach Alternativen umsehen mussten. Es ist immer eine gute Idee, sich mit einem Markt vertraut zu machen – zu wissen, wer was herstellt, wie viel er dafür verlangt, und so weiter. Weil wir uns so blind auf Mei verlassen hatten, hatten wir keine Ahnung, welche Möglichkeiten es gab. Das war Hopes erste Aufgabe bei *invisibobble,* und ich begleitete sie auf die Erkundungsreise.

Hope und ich, wir kennen uns so gut, dass wir beinahe unsere Gedanken lesen können. Es reicht schon ein leichtes Verziehen des Mundes oder ein fast unmerkliches Anheben einer Augenbraue. In China entwickelten wir eine Methode, uns ohne Worte zu verständigen. Ein winziges Neigen des Kopfes bedeutete: »Komm mit auf die Toilette, wir müssen reden.« Wie viel ich für chinesische Fabriktoiletten übrig habe, ist ja bereits hinlänglich deutlich geworden. Aber sie waren praktisch der einzige Ort, an dem wir uns ungestört unterhalten konnten.

Bekanntlich gibt es nichts, was in China nicht gefälscht wird. Hope und ich hielten ständig die Augen nach besonders lustigen Artikeln offen. Eines meiner Lieblingsteile war ein Pulli mit dem Aufdruck »Ballinciaga«. (Balenciaga ist ein edles spanisches Modelabel.) Er liegt in dem Koffer mit den Sachen, die ich nur in China trage.

Ich bin (zumindest für chinesische Verhältnisse) groß und habe langes, glattes blondes Haar, Hope ist rothaarig und sommersprossig. Deshalb begafften uns die Leute nicht nur überall, wohin wir kamen, sondern wollten auch Fotos machen. Nicht vergessen: Wir bereisten ländliche Regionen Chinas, weit weg von der nächsten Großstadt. Die Menschen, die wir dort trafen, hatten vermutlich noch nicht viele Touristen aus dem Westen gesehen – und zwei Frauen, die für sie sehr seltsam aussehen mussten, schon gar nicht.

Nicht nur die Fabrikleiter wollten uns fotografieren, sondern auch die Arbeiter an den Fließbändern ließen alles liegen und stehen, griffen nach ihren Handys und nahmen uns ohne zu fragen ins Visier. Irgendwann gingen wir dazu über, uns die Haare zum Pferdeschwanz zu binden und Mützen aufzusetzen – und unsere weiten Ballinciaga-Pullis zu tragen, nur um nicht so viel Aufsehen zu erregen. Doch in China kennt jeder irgendwen, dessen Cousin eine Frau hat, deren Hund jemanden in einer Fabrik am anderen Ende des Landes kennt. Die Fotos, die die Leute von uns machten, verbreiteten sich auf unerfindlichen Wegen bis in andere Teile Chinas, in andere Fabriken und bei anderen Produzenten, und die fanden irgendwie heraus, dass wir von *invisibobble* kamen.

Ihr wisst ja, wir haben unsere Produkte anfangs über Alibaba bezogen. Deshalb bekam ich oft Nachrichten von irgendwelchen Chinesen, die versuchten, mir einen Deckel für ein Schraubglas, einen Karton für einen BH und ähnliches zusammenhangloses Zeug anzudrehen. In der dritten Woche unserer Reise ging über die Website eine E-Mail bei mir ein, die in etwa so lautete: »Hallo. Wir sehen Sie – Mädchen mit gelbem Haar und Mädchen mit orangefarbenem Haar – in chinesische Fabrik gehen, nach Hersteller suchen. Wir können Hersteller sein. Jetzt kontaktieren!«

Ich bekam mehrere solcher E-Mails und ignorierte sie. Gott weiß wie viele Chinesen auf ihren Handys Fotos von mir und Hope haben.

Das Mädchen mit den gelben Haaren und das Mädchen mit den orangefarbenen Haaren suchten alle möglichen Fabriken für Haaraccessoires auf, ließen sich morgens um 5 Uhr vom Taxi abholen und fuhren unzählige Stunden über diverse unbefestigte, schlaglöchrige Straßen, auf denen manchmal mittig Felsblöcke lagen, denen wir ausweichen mussten. Mit jedem Fabrikbesuch wuchsen unsere Enttäuschung und unser Entsetzen.

Auf unseren Reisen entdeckten wir sogar ein paar Fabriken, die spiralige Haargummis für große europäische Einzelhändler fertigten. Wie ich bereits erklärt habe, ist es durchaus übliche Praxis, dass Anbieter ihre eigenen Versionen von Markenprodukten fertigen ließen, und manche der Einzelhändler, die wir mit *invisibobbles* beliefert hatten, produzierten inzwischen unter ihren Eigenmarken ähnliche Produkte, die sie auf ein Stück Pappe tackerten und wie herkömmliche Haargummis verkauften. Es war ein eigenartiges Gefühl, diese Fabriken zu besuchen, doch wir mussten uns damit abfinden, dass der Erfolg unserer Produkte Einzelhändler zu solchen Schritten veranlasste.

Immer wieder stießen wir auf ähnliche Extrusionsmaschinen wie die in der Fabrik in Qingdao, die ebenso nutzlos herumstanden. Wir erkundigten uns, warum sie nicht arbeiteten. Die Fabrikleiter behaupteten dann, sie liefen nur heute nicht, doch wir hatten das Gefühl, dass sie nie benutzt wurden und reine Vorzeigeobjekte waren. In Wirklichkeit bezogen sie ihre Produkte aus anderen Teilen des Landes und packten sie hier nur um. Doch die Fabrikmanager wollten uns nie die Wahrheit sagen, denn die chinesische Kultur verlangt, dass man sein »Gesicht wahrt«.

Das Material, das wir verwendeten, hieß TPU. Es hat bestimmte Eigenschaften, wenn es erhitzt wird. Das bedeutet, wenn ein *invisibobble* ausleiert, kann man ihn in heißes Wasser legen und er kommt wieder in Form. Es gibt auch noch PU, das in heißem Wasser nicht wieder seine ursprüngliche Form annimmt – es leiert aus, und das war's. In einer Fabrik standen überall Säcke mit der Aufschrift PU herum. Als ich die Managerin fragte, welches Material sie in der Fertigung verwendeten, sagte sie:

»TPU.«

»Wirklich? Warum steht dann auf den Säcken, die hier überall herumstehen, ›PU‹?«, wollte ich wissen.

»Das sind keine PU-Säcke«, sagte sie.

»Aber es steht doch PU drauf«, beharrte ich.

»Wir haben die TPU-Säcke in PU-Säcke umgefüllt.«

Das war nur einer dieser vielen WTF-Momente, in denen wir auf eine einfache Frage eine vollkommen unsinnige, unverständliche, offensichtlich unwahre Antwort bekamen. Wir wurden so wenig schlauer daraus, dass wir genauso gut gegen die Wand hätten reden können.

In einer anderen Fabrik sahen wir die üblichen Maschinen, die links von einem langgezogenen Gebäude standen. Drum herum lagen jede Menge abgefressener Maiskolben auf dem Boden.

»Wieso liegt denn hier so viel Mais auf dem Boden?«, fragte Hope den Mann, der uns herumführte.

»Für die Hühner«, sagte er. *Hühner. Alles klar, die Hühner! Eine Haargummifabrik mit Hühnern. Na sicher.*

»Hühner? Wieso halten Sie denn Hühner in der Fabrik?«

»In der Fabrik sind keine Hühner!«, erklärte er verärgert.

Und doch waren sie da – etwa ein Dutzend Hühner, die vor unserer Nase am Boden herumgackerten. Manche hatten größere kahle Stellen, andere fast gar keine Federn. Sie pickten herum und liefen hin und her.

»Aber ich sehe die Hühner doch laufen, dort!«

»Fabrik hört hier auf!«, sagte er und zog eine unsichtbare Linie mitten durch den langgezogenen Raum.

Natürlich – eine Hälfte für die Hühner, die andere Hälfte Fabrik. Wieso haben wir das nicht gleich kapiert?, dachte Hope und sah mich an. Ich wusste nicht, ob ich lachen oder weinen sollte, und erstickte fast bei dem Versuch, beides zu unterdrücken.

Doch dann kamen wir in den Bereich, in dem die Haargummis verschweißt wurden. Was uns dort erwartete, war weitaus schlimmer als jedes umherlaufende Huhn. Die sieben oder acht Arbeiterinnen, die dort an einem Tisch saßen, trugen weder Handschuhe noch Schutzmasken, und was die Sache noch viel schlimmer machte: Manche von ihnen hatten Babys auf dem Schoß, die mit ihren Ärmchen und Beinchen nur Zentimeter von den heißen Lötkolben entfernt herumzappelten.

Diese Fabrik würden wir auf gar keinen Fall beauftragen, und ich schrie den Manager an, er spiele mit dem Leben von Menschen. Er brüllte auf Chinesisch zurück und drohte mir mit den Fäusten. Wir sahen zu, dass wir wegkamen.

Auf derselben Reise besuchten wir etwas später eine riesige Fabrik, in der Haarspangen hergestellt wurden. Wir wollten nämlich eine metallfreie *invisibobble*-Version davon entwickeln (dazu später noch mehr). In dieser Fabrik werden so etwa 60 Prozent aller Haarklammern der Welt produziert, und ich hatte gelesen, dass sie von einer renommierten Prüfungsgesellschaft zertifiziert worden war – also anerkannte Qualitäts- und Sicherheitsstandards hatte. Entsprechende Hoffnungen setzte ich darauf und stellte mir die größte und effizienteste Fabrik vor, die ich je in meinem Leben gesehen hatte.

Es ließ sich gut an, denn wir wurden in ein richtiges Besprechungszimmer geführt, wo man uns stolz all die Logos von Unternehmen präsentierte, für die dort Haarklammern hergestellt wurden. Unser Ansprechpartner sprach sogar ein bisschen Englisch. Man legte uns Muster aller Produkte vor. Dann baten wir darum, uns die Fertigungsstraße zu zeigen. Ich war sehr gespannt und rechnete mit einer riesigen Maschine, vielleicht 25 Meter lang, die das Metall so bearbeiten würde, dass man es in Form bringen konnte. Ich erwartete, wir würden erleben, wie sie Tausende von Haarklammern in der Minute ausspuckt, die dann durch die Färbeanlage laufen und in verschiedenen Farben wieder herauskommen würden. Dahinter würden jede Menge Arbeitskräfte sitzen und die Klemmen sortieren und verpacken, damit sie in fast jedes Land der Welt geliefert werden konnten.

Doch die Fabrikmanager hielten uns hin. Angeblich würden die Maschinen gerade gereinigt, und sie würden uns alle unsere Fragen lieber im Büro beantworten. Doch wir ließen nicht locker und sagten, wenn sie die Produktion für uns übernehmen sollten, müssten wir sehen, wie das vonstattenging. Einer unser Gastgeber telefonierte auf Chinesisch, legte auf und erklärte, die Reinigung der Maschinen sei abgeschlossen und wir könnten die Anlage jetzt besichtigen.

Wir kamen in eine riesige, hohe Halle – so ziemlich die größte Fabrik, die ich je gesehen hatte, mit riesigen Maschinen. Doch es war seltsam ruhig dort, und am anderen Ende konnte ich gerade noch eine düster dreinblickende Frau erkennen, die auf einem Stuhl saß und eine kleine Plastiktüte ans Ende des Fließbandes hielt. Auf dem Band lagen drei Haarklammern, die sie absammelte und in die Tüte steckte, die dann in einem Karton auf ihrem Schoß landete. Dann wartete sie eine Minute, bis die nächste Charge eintraf.

Das war's. Ansonsten war die ganze Fabrik absolut menschenleer – die Fabrik, die die allermeisten Haarklammern der Welt produzierte.

Hope fragte, wo denn die anderen seien.

»In der Mittagspause«, hieß es.

»Schön, wir warten gern, bis sie zurück sind«, erklärte Hope.

»Na ja, also, eigentlich haben die meisten heute frei«, sagte da einer der Verantwortlichen.

»Gut, dann kommen wir eben morgen wieder«, meinte Hope.

»Aber es ist doch alles geklärt. Sie haben die Papiere, Sie kennen unsere Standards, Sie müssen nicht noch einmal wiederkommen«, protestierten sie.

Wieder einmal kamen wir nicht weiter und begriffen nicht, was vor sich ging. Im Grunde sagten sie uns: »Entweder wollt ihr hier fertigen lassen oder nicht. Ihr habt das Dokument gesehen, das nachweist, dass wir nach ISO-Standards arbeiten, also geht jetzt und nervt uns nicht.«

Doch wir bedrängten sie weiter und stellten Fragen über Fragen. Die Antworten reichten von »Im Augenblick liegen keine Aufträge vor, die zu erledigen wären« bis zu »Diese Woche mussten wir den Betrieb stilllegen, weil mein Cousin krank ist und sich die Fabrikarbeiter um die Taube kümmern müssen, die er hält« oder »Ich musste meiner Großmutter den Computer ausleihen, der die ganze Fabrik betreibt«.

Doch wir blieben hartnäckig und erklärten schließlich offen, dass wir ihnen nicht glaubten und erst wieder abziehen würden, wenn wir Antworten bekämen.

Da sagten sie uns schließlich die Wahrheit.

Die Fertigungsstraße, die sie uns gezeigt hatten, produzierte nur Muster.

Das war gar nicht die richtige Fabrik. Mit anderen Worten: Wer die Häkchen gesetzt und den Papierkram erledigt hatte, hatte das für eine Fabrik getan, die im Grunde eine einzige große Fälschung war. Es war eine Vorzeigeanlage für Prüfungszwecke. Wir erfuhren, dass es noch drei andere Produktionsstätten gab, doch als wir sie sehen wollten, lehnte der Fabrikleiter ab, weil sie »wirklich schlimm« seien. Deprimiert und resigniert fuhren wir wieder ab. Wir hatten so große Hoffnungen auf diese Fabrik gesetzt und hätten so gern bestätigt gefunden, dass es in China Arbeitgeber gab, die ihre Belegschaft fair behandelten. Doch alles, was wir vorgefunden hatten, war Lug und Trug.

Traurig machte uns auch, was das, was wir über diese Musterproduktion herausgefunden hatten, in Wirklichkeit bedeutete: Die multinationalen Riesenkonzerne drückten sämtliche Augen zu, wenn es darum ging, wie chinesische Fabrikarbeiter behandelt wurden. Ihre »Prüfungen« waren nur Augenwischerei. Nicht minder frustrierend fanden wir, dass dieselben Großunternehmen oft darauf bestanden, dass sich kleinere Firmen wie wir ordnungsgemäß prüfen ließen – der Gipfel der Heuchelei.

Dass Unternehmen bestimmte Produkte in China fertigen lassen, liegt an den niedrigen Kosten – und daran, dass die Chinesen seit Jahrzehnten Erfahrung damit haben, Rohstoffe zu verschiedenen Kunststoffen zu verarbeiten und en masse zu produzieren. Da kann kein anderes Land mithalten.

Wie das im großen Stil ablief, erlebten wir in Yiwu, wo sich der größte Großhandelsmarkt für Kleinwaren der Welt befindet. Dass dieser Ort etwas Besonderes war, merkten wir schon im Flugzeug. Er wurde von Menschen vieler unterschiedlicher Nationalitäten angeflogen, die leere Riesenkoffer von den Gepäckbändern holten.

Der Markt selbst besteht aus mehr als 75 000 Geschäften auf mehreren Ebenen. Dort kann man alles kaufen kann, was man in den Andenkenläden in aller Welt findet, von blauen, türkischen Nazar-Augen, die gegen den bösen Blick helfen sollen, bis zu griechischen Kühlschrankmagneten, hölzernen Hindu-Buddhas und Freiheitsstatuen aus Plastik. Die Fabriken rund um den Markt produzieren rund 60 Prozent des Weihnachtsschmucks, der weltweit verkauft wird, und der Markt selbst ist einfach ein überwältigend großer, lauter, nicht besonders sauberer Ort, der mir Depressionen verursachte. Da fahren die Menschen in den Urlaub und kaufen sich dort ein vermeintlich landestypisches Mitbringsel – dabei stammt es vermutlich von diesem Markt.

Wir haben selbst lange versucht, *invisibobbles* in Europa herstellen zu lassen, doch dort fehlt es nicht nur an der Kompetenz in der Verarbeitung der Rohstoffe, sondern auch an Produktionsgeschwindigkeit – und an Mitarbeitern, die bereit wären, am Fließband Haargummis zu verschweißen. Bei verschiedenen unserer anderen Produkte, die im Spritzgussverfahren rein maschinell hergestellt werden und nicht von Hand endbearbeitet werden müssen, ist das anders – die können wir in Deutschland produzieren.

Am Ende unserer Chinareise hatten wir ein Gespür dafür, in welchen Fabriken wirklich gearbeitet wurde, und in welchen nicht. Es waren oft kleine Dinge wie Aushänge mit dem »Mitarbeiter des Monats«, die uns das Gefühl gaben, dass tatsächlich produziert wurde und sich jemand um das Personal kümmerte.

So ziemlich am letzten Tag unserer Reise betraten wir eine Fabrik in Linfen und wussten sofort: Hier waren wir richtig. Es war wirklich eine surreale Erfahrung. Nach allem, was wir mit Mei und der falschen Fabrik erlebt hatten, und all den furchtbaren Bedingungen, unter denen wir Menschen arbeiten sehen hatten, konnten wir kaum glauben, dass wir tatsächlich die richtige Bezugsquelle für uns gefunden hatten. Doch wir kamen herein, und da standen sie – unsere Säcke mit *invisibobbles,* alle nach Farben und mit Chargennummern etikettiert, ordentlich gestapelt und versandfertig. Wir waren immer noch skeptisch und hinterfragten alles, was man uns erzählte, doch wir erklärten uns zu einer Testlieferung bereit, die direkt an uns erfolgen sollte – und es klappte.

Hope überprüfte, ob auch alle Arbeiter dort Verträge hatten und anständig bezahlt wurden und ob ordentliche Toilettenanlagen und Pausenräume vorhanden waren. Sie vergewisserte sich, dass es Brandschutzvorkehrungen gab und jemand für die Einhaltung der

Sicherheitsstandards zuständig war. In dieser Fabrik lassen wir bis heute fertigen. Jetzt haben wir jemanden vor Ort, dem wir zutrauen, dass er uns wirklich weiterhilft – und der weiß, dass wir grundsätzlich für alles Nachweise verlangen und nicht gern angelogen werden.

Die nächste kulturelle Hürde, die wir überwinden mussten, war zwar leichter zu nehmen, stellte uns aber vor ganz eigene Probleme: Amerika.

17.
Der GAU des Tages

Was ich gelernt habe:

- Wer Produkte verschiffen möchte, muss sich wirklich gegen alles versichern.
- Preisabschläge sind das letzte Mittel.
- Man sollte Arbeit und Privatleben trennen.

2015 war das Jahr, in dem sich in unserer Firma ein neues geflügeltes Wort einbürgerte: der GAU des Tages, auf Neudeutsch »Disaster of the Day«. Das kürzten wir zu D.O.D. ab. Zwar war uns schon einmal eine Fabrik von einem Taifun zerstört worden und man hatte uns (mehr als einmal) abgezockt, doch das waren nur zwei der schlimmen Dinge, die uns widerfahren waren.

In jenem Sommer hatte Felix darauf gedrängt, die *invisibobbles* aus der chinesischen Fabrik nicht länger in unser Lager in München einfliegen zu lassen, weil das zu teuer war. Doch Produkte per Schiff zu befördern, ist gar nicht so einfach. Man kann zwar einzelne Paletten verschiffen lassen, doch damit spart man nicht viel. Damit es sich lohnt, müssen schon große Mengen auf dem Seeweg transportiert werden.

invisibobbles zu verschiffen, ist nervenaufreibend, weil sie acht bis zehn Wochen unterwegs sind. Das war für uns ein Problem, denn wir befanden uns in einer so dynamischen Wachstumsphase, dass die Friseursalons und Einzelhändler auf rasche Lieferung drängten. Doch irgendwann bekamen wir so viele Bestellungen zusammen, dass wir einen halben Container mit *invisibobble*-Packungen füllen konnten – 400 000 Dreierpacks, also insgesamt 1,2 Millionen Haargummis. Doch vor Gericht und auf hoher See …

In jenem Jahr hatten wir für den Sommer eine neue Farbkollektion herausgebracht. Die musste rasch nach Europa befördert werden, damit sie in die Geschäfte kommen konnte, solange es noch Sommer war. Sie sollte den größten Raum in unserem halben Container einnehmen. Wir wurden nicht ständig auf dem Laufenden gehalten, wo sich unser Schiff gerade befand, doch wir wussten, wann es in Hamburg eintreffen sollte. Der Termin kam und ging, doch kein Schiff lief ein – und wir erhielten auch keine Informationen über seinen Verbleib.

Irgendwann bekam Hope eine E-Mail, in der stand: »Ups, das Schiff ist in Brand geraten und wurde vor Somalia beschlagnahmt.«

Ein Super-GAU.

Viel mehr erfuhren wir nicht. Etwas später kam eine weitere E-Mail: »Wir können den Container nicht öffnen. Es besteht die Gefahr, dass giftige Dämpfe austreten.«

Und schließlich: »Wir konnten den Container jetzt öffnen. Ihre Produkte sind unbeschädigt.«

Uff!

Dann hieß es noch: »Sicherheitshalber müssen Sie einen Toxizitätstest durchführen.«

Klang vernünftig.

Als die Lieferung eintraf, fuhren Hope und ich so schnell wie möglich ins Lager am Stadtrand von München. Die *invisibobbles* waren alles andere als unbeschädigt. Die Verpackung war zum Teil geschmolzen, doch das Seltsamste – und das kann ich mir bis heute nicht erklären: Ein Teil der *invisibobbles* schien sich in Luft aufgelöst zu haben. Anstelle von drei Stück waren in jeder Packung nur eineinhalb *invisibobbles*, und der halbe war unten mit der Verpackung verschmolzen. Die allermeisten Packungen waren total kaputt.

Gut, dass wir versichert sind!, dachte ich noch. Bis ich die Police durchlas.

Gegen Feuer waren wir nämlich nicht versichert.

Natürlich nicht – wer hätte denn ahnen können, dass ein Schiff Feuer fangen würde? (Wir machten am Ende Garantieansprüche geltend und bekamen tatsächlich ein paar tausend Dollar ausgezahlt – aber erst Jahre später.)

Wir mussten eine weitere Ladung *invisibobbles* einfliegen lassen, um die 400 000 Packungen zu ersetzen, die einen Einzelhandelswert von rund 2,8 Millionen Euro hatten. Auch daran hätte unser Unternehmen zugrunde gehen können, doch wir überstanden es mit knapper Not, weil wir so gut im Geschäft waren. Es ist aber wieder ein Beispiel dafür, dass wir auch 2015 noch nur ein paar Kinder waren, die versuchten, ein Unternehmen auf die Beine zu stellen. Wir hatten diese Mischung aus Naivität und dem Antrieb, dem *invisibobble* langfristig zum Erfolg zu verhelfen.

Etwa um dieselbe Zeit, als wir unsere Produktionsprobleme in China aus der Welt schafften, merkten wir, dass der Umsatz auf unseren bisherigen Märkten zurückging. Unsere Vertriebspartner führten das darauf zurück, dass *invisibobbles* eine Modeerscheinung seien. Wir expandierten laufend in neue Länder und konnten die Umsatzeinbußen dadurch ausgleichen, doch eine solche Stabilisierung kann niemals das Ziel sein – es muss Wachstum geben. Aber neben den Kopien, die auf den Markt drängten, hatten wir in manchen Regionen auch ein gewaltiges Problem mit der Preispolitik.

Stellt ein Einzelhändler Produkte in seine Regale, bestimmt er am Ende selbst, wie viel er dafür von seinen Kunden verlangt. Ein Hersteller kann nur eine unverbindliche Preisempfehlung (UVP) erteilen (die in den USA MSRP heißt, was für Manufacturer's Suggested Retail Price steht). Der Einzelhändler ist aber keinesfalls gesetzlich dazu verpflichtet, unsere Produkte auch zu diesem Preis zu verkaufen. Wir verhandeln hart mit den Einzelhändlern, um Preisnachlässe möglichst zu vermeiden, denn sobald man sich auf dieses Spiel einlässt, schadet man der Marke, und aus unserem Produkt wird dann womöglich eine billige Massenware – wie jedes andere Haargummi auch.

Wir merkten, dass Einzelhändler, die von einer bestimmten dänischen Vertriebspartnerin beliefert wurden, nicht streng genug darauf achteten, die Produkte auch zu ihrem eigentlichen Wert zu verkaufen. Wir drängten die Vertriebspartnerin, dafür zu sorgen, dass der *invisibobble* nicht unter Preis verkauft wurde, doch vergeblich. Da entschlossen wir uns zu härteren Maßnahmen und kündigten unseren Vertrag. Daraufhin verkaufte die Dame ihre eigenen Kopien an Friseursalons in ihrem Herkunftsstaat Dänemark. Wir suchten uns einen neuen Vertriebspartner, der in Finnland sitzt, und haben dort inzwischen eine starke Präsenz, in Dänemark aber nicht.

Es ist eine Gratwanderung: Man kämpft mit Vertriebspartnern und Einzelhändlern um die Preisgestaltung. Entzieht man ihnen den Vertrag, und sie haben dennoch Interesse an dem Produkt, riskiert man, dass sie sich Kopien beschaffen. Preisminderungen sind schlecht für die Marke. Noch schwieriger wird es, wenn man über Kanäle wie Amazon vertreibt, ein Unternehmen, mit dem nach meiner Überzeugung die meisten Hersteller eine Hassliebe verbindet. (Mehr dazu in Kapitel 24.)

Neben den Problemen mit den Fabriken in China, dem abgefackelten Schiff, den rückläufigen Umsätzen, den Nachahmerprodukten und den Preisabschlägen gab es 2015 noch eine Komplikation. Felix und ich waren großartige Geschäftspartner und hatten von Anfang an gemeinsam am *invisibobble* gearbeitet, jede E-Mail zusammen gelesen, zu zweit Haargummis in Kartons verpackt und quasi jeden wachen Moment dem Aufbau der Marke gewidmet. Wir hatten so viel gemeinsam erlebt, vom Bestücken der ersten vermaledeiten Palette über den Taifun in China bis zu den vielen GAUs des Tages, die wir überlebt hatten. Wir hatten *invisibobble* und einander all unsere Liebe geschenkt.

Ich hatte Felix' Wutausbrüche ertragen – wie damals, als er so außer sich geriet, dass er sein Headset durchs Zimmer schleuderte und es in tausend Stücke zersprang, die ich dann wortlos aufklaubte, aus dem flauschigen Teppich pflückte und ihm auf den Schreibtisch legte.

Felix hatte gemerkt: Wenn es um die Marke ging, hatte ich einen guten Instinkt. Er hatte zugestimmt, *invisibobbles* in Candy Pink und Crystal Clear zu produzieren, weil er mir vertraute, dass sie sich gut verkaufen würden – obwohl ihm acht verschiedene Farben eigentlich schon zu viel waren. Und obwohl er mir damals in der Bibliothek in Warwick an jenem einsamen Nachmittag, als ich kurz vor dem Zusammenbruch stand, so unsensibel gesagt hatte, ich solle mich zusammenreißen, zollte ich ihm Respekt dafür, dass er mir geholfen hatte, eine der bisher schwierigsten Phasen meines Leben zu überstehen.

Bis heute ruft er mich in zwölf Stunden manchmal zehnmal an, um zu hören, wie ein Geschäft mit einem Einzelhändler läuft – nicht, weil er glaubt, ich kriege das nicht gebacken, sondern weil ihm die Marke so viel bedeutet. Er ist wirklich ein hervorragender Geschäftsmann.

Und obwohl wir uns nicht immer einig waren, hatten Felix und ich irgendwann beschlossen, dass er sich um die Finanzen und das operative Geschäft kümmern sollte und ich mich um die Marke und die kreative Seite. Wir kannten unsere Stärken und vertrauten einander. Unsere Funktionen liefen auseinander, und wir opferten so viel Zeit für das Unternehmen, dass wir kaum noch Zeit für uns hatten. Wir waren zusammen, seit wir 15 waren. 2015 waren das immerhin schon sieben Jahre. Doch während es bei *invisibobble* bergauf ging, ging es zwischen uns bergab. Ich glaube, wir waren so auf das Geschäft konzentriert, dass das »Wir« darüber ins Hintertreffen geriet. So kam es, dass mich Felix an einem sonnigen Sonntag in München in meiner Wohnung aufsuchte und wir beschlossen, uns zu trennen. Das war ein ganz persönlicher D.O.D.-Moment für uns beide, und wir waren wirklich traurig darüber. Doch wir wussten, es war das Beste.

Weil ich den Gedanken nicht ertragen konnte, am Montag zur Arbeit zu gehen und den ganzen Tag mit Felix im Büro zu sitzen, buchte ich einen Flug nach Spanien, um eine Woche mit meiner Mutter zu verbringen. Ich hatte für den Sommer eigentlich keinen Urlaub geplant, doch diese Reise wurde zu einem. Als ich zurückkam, hatte sich Felix zwei

Wochen freigenommen. Danach, als wir beide wieder in München waren, ging es mir schon viel besser. Wir hatten darüber gesprochen, ob unsere Trennung bedeuten würde, dass einer von uns aus dem Unternehmen aussteigen musste, doch wir hatten beide so viel Spaß daran, und keiner wollte das aufgeben. Wir fanden, wir waren erwachsen genug, um trotzdem weiter zusammenzuarbeiten.

2015 hatten wir erste Mitarbeiter eingestellt (gar nicht so einfach übrigens), und inzwischen beschäftigten wir 20 Personen, vom Lagerleiter bis zum Buchhalter, ein paar Leute, die Hope im Produktionsteam unterstützten, und ein paar Marketingfachleute. Alle wussten, dass Felix und ich ein Paar waren. Unsere Trennung machten wir aber nicht offiziell. Wir wollten ein Team aufbauen, und die Leute sollten auf keinen Fall das Vertrauen in uns oder in das Unternehmen verlieren.

Eine Zeit lang behielten wir die Trennung daher für uns, doch natürlich kam das irgendwann heraus. Auf einer Vertriebsreise traf ich Zelda in der Lobby unseres Hotels. Sie fragte nach Felix.

»Ich nehme an, er hat sich hingelegt«, meinte ich beiläufig.

»Warst du nicht gerade mit ihm auf dem Zimmer?«, fragte sie verwundert.

Da fiel der Groschen.

»Ach, ihr habt euch getrennt.«

Sechs Monate lang hatten wir das geheim halten können. Wir werden oft gefragt, wie wir das schafften, zusammen erst ein Unternehmen und eine Beziehung zu führen, und dann nur noch das Unternehmen. Ich glaube, das ging, weil wir etwas Größeres im Blick hatten und es fertigbrachten, unser Privatleben aus der Arbeit herauszuhalten.

Ich habe nie verstanden, dass Menschen zusammenleben und alles miteinander teilen konnten, auch das Bett, und dann von einem Tag auf den anderen nicht mehr miteinander sprachen. Für uns ist es gut gelaufen: Durch unsere Beziehung hatten wir aus dem Nichts die Marke und das Unternehmen aufgebaut, und von dem Unternehmen können wir hoffentlich bis an unser Lebensende profitieren.

18.

Drei in einem Bett

Was ich gelernt habe:

- Wenn Amerikaner dich toll finden, meinen sie das nicht immer so.
- Erschließt man einen neuen Markt, sollte man mit Fachleuten arbeiten.
- Fälscher gibt es ÜBERALL.

Alle erklärten uns für verrückt, als wir daran dachten, uns in die Vereinigten Staaten zu wagen. Erste Gespräche über den US-Vertrieb nahmen wir 2014 auf, und wir interessierten uns dafür, weil er Markt so groß ist und entsprechende Chancen bietet.

Doch von vielen Seiten wurde uns dringend abgeraten – allein schon, weil die Amerikaner so prozesssüchtig seien. So könnte jemand absichtlich einen *invisibobble* verschlucken oder daran ersticken und dann versuchen, uns zu verklagen. Außerdem hieß es, die Marke wirke zu europäisch, und unser Marktauftritt ebenfalls. Und dass Amerikaner nur mit Amerikanern Geschäfte machten.

In den USA leben mehr als 300 Millionen Menschen. Sie werden von Masseneinzelhändlern versorgt, die zum Teil zu den größten der Welt zählen. Haar- und Schönheitsprodukte werden in Supermärkten, Premium-Kaufhäusern, Luxus-Parfümerieketten und im Fachhandel verkauft. Die Käufer kann man auf Messen erreichen, insbesondere auf der Las-Vegas-Ausgabe der Cosmoprof – einer kleineren Version der Veranstaltung in Bologna.

Im Juli 2015 flogen Felix und ich gleich nach einem unserer Besuche bei unseren Herstellern in China nach LA weiter und von dort aus nach Las Vegas, wo wir uns mit Dani trafen, der aus München angereist war. Wie sich herausstellte, war für uns drei nur ein Zimmer gebucht worden. Wir mussten uns also ein großes, verschwitztes Bett teilen – in einem Riesenhotel in Vegas, in dem wir wegen der vielen Lichter, die draußen alles taghell erleuchteten, nie genau wussten, ob es Nacht oder Tag war, und wo der Lärmpegel in dem großen Gebäude rund um die Uhr gleich blieb. Für unseren Jetlag waren das keine idealen Bedingungen, und als ich aufwachte, fand ich mich eingequetscht zwischen meinem Exfreund und dessen Bruder Dani wieder. Ich überlegte kurz, über welchen Bruder ich wohl klettern sollte, um aus dem Bett zu kommen, entschied mich aber dann dafür, mich unter der Bettdecke bis ans Fußende durchzuschlängeln und auf den Boden gleiten zu lassen.

Ich ging ins Bad und schaute in den Spiegel. Dabei dachte ich: *Ich bin eine erwachsene Frau. Ich bin die Gründerin eines erfolgreichen Unternehmens, und das ist der professionelle Schritt von invisibobble in die Vereinigten Staaten von America. Yes!*

Mein Spiegelbild sagte mir aber etwas anderes. Es war 5 Uhr morgens. Ich war die übernächtigte, erschöpfte Gründerin eines Unternehmens, das bereits mehrere D.O.D.s erlebt hatte, trug ein gefälschtes Designer-T-Shirt und musste das Bett mit zwei verschwitzten Kerlen teilen, ohne zu wissen, ob wir in den USA überhaupt eine Chance hatten oder ob ich mich noch zehn Minuten lang auf den Beinen halten konnte – von zehn Stunden auf der Messe ganz zu schweigen.

Ich weckte die Jungs, und wir machten uns auf den Weg zum Messezentrum, um unseren Stand aufzubauen. Er sah ganz ähnlich aus wie der für die Messe in Bologna, nur kleiner. Und die Menschen reagierten ebenfalls ähnlich – nämlich mit der Frage: Und wo sind die Erwachsenen?

Unsere ersten Gesprächspartner wirkten ziemlich begeistert. Sie sagten: »Toll!« oder »Soooo coool!« oder »Eure Marke ist UN-GLAUB-LICH!«. Manche verstiegen sich sogar zu einem: »Ihr seid echt der Hit.« Drei Tage später tat mir das Gesicht weh vom ständigen Lächeln (und der Kopf von den vielen Wodka Tonics, die wir abends kippten.)

Die Amerikaner waren ja soooo scharf auf *invisibobbles,* und wir flogen sehr zuversichtlich nach München zurück, weil sie so positiv reagiert hatten, und dachten: *Ja, jetzt können wir die Füße hochlegen und an den vorzeitigen Ruhestand denken.* Wir lehnten uns zurück und warteten auf die Terminanfragen, die uns bald überfluten würden.

Doch es kamen keine.

Dieser Messebesuch sollte sich als der erfolgloseste in unserer Geschichte erweisen. Er brachte Nullkommanichts – nicht einmal eine poplige E-Mail oder einen mickrigen Anruf.

Also änderten wir unsere Taktik. Jemand hatte uns geraten, uns für den US-Einstieg einen amerikanischen Partner zu suchen, und wir fanden ein Vertriebsunternehmen, das gut zu uns zu passen schien – es belieferte bereits das Friseurhandwerk und war in den sozialen Medien sehr aktiv.

Wir waren so naiv, anzunehmen, dass wir ihnen lediglich Ware schicken und alles andere ihnen überlassen, uns zurücklehnen und reich werden würden. Ganz falsch. Im ersten Jahr unserer Zusammenarbeit setzten sie nur Ware im Wert von 19 000 Euro um – angesichts der Größe des Marktes ein winziger Betrag. Also stellten wir Fragen und versuchten, herauszufinden, was da vor sich ging – um festzustellen, dass in der Firma keiner wirklich für *invisibobble* zuständig war. Unser Produkt war eines von vielen, die sie vertrieben, und weil sie sich besser mit Zeitschriften und mit der Online-Community auskannten, wussten sie nicht, wie man Produkte in den Friseursalons an den Mann brachte.

Es ging alles furchtbar langsam. Wenn wir ein neues Produkt oder eine Sonderkollektion herausbrachten, dauerte es Monate, bis die *invisibobbles* im Laden oder Salon und schließlich in den Händen der Kunden landeten. Und wir mussten ohnmächtig zusehen, was uns schlaflose Nächte bereitete. Der *invisibobble* würde Amerika wohl doch nicht im Sturm erobern.

Es kam aber noch schlimmer. Während wir nach wie vor mit Anlaufschwierigkeiten kämpften, entdeckten wir, dass wir in den USA kopiert wurden. Bisher hatten wir vor allem in Europa Probleme mit Fälschern gehabt, deren Produkte wir in der Region beschlagnahmen ließen. Auf der anderen Seite des Atlantiks taten wir jedoch wenig, um unsere Marke zu schützen.

Ich hatte online immer wieder geprüft, was passierte, wenn jemand »*invisibobble* USA« oder »Spiralhaargummi Amerika« googelte – und zunächst führten die Treffer auf die Website des High-End-Einzelhändlers, den wir belieferten. Eines Tages stieß ich aber auf ein Produkt, das unserem sehr ähnlich war, aber einen anderen Namen trug – mit ähnlicher Verpackung und ähnlichen Produktaussagen.

Es war ein Link zu einem YouTube-Video angegeben, und ich klickte darauf. Ein Kerl, den ich noch nie zuvor gesehen hatte, führte auf einer Messe sein spiraliges Haargummi vor, behauptete, der Erfinder dieses revolutionären Produkts zu sein, und verwies Interessenten auf eine US-Website. An seinem Stand präsentierte er Haargummis in vielen verschiedenen Farben, und ein Model zeigte, wie man sie verwenden und dann ohne Abdrücke wieder herausziehen konnte.

Es gab auch eine eigene Website für das Haargummi, und diese erinnerte ebenfalls stark an unsere. *invisibobble* ist »the traceless hair ring«, die US-Marke bewarb sich als »the markless hair loop«.

Wer steckte dahinter?

Ich brauchte nicht lange, um den Namen des Gründers zu ermitteln, und der Familienname kam mir bekannt vor. Ich rief Felix an, der gerade unterwegs war.

»Ich bin gerade einem weiteren potenziellen Super-GAU auf die Spur gekommen«, erklärte ich.

Ich konnte ihn am anderen Ende lachen hören. Wir hatten uns schon so an solche Katastrophen gewöhnt, dass wir sie lustig fanden. Wir hatten inzwischen so viel Unerwartetes erlebt, dass es uns fast wie ein Spiel vorkam. Was würde wohl als Nächstes auf uns zukommen?

»Sag nichts. Doch nicht wieder ein nicht versicherbares Witterungsereignis? Oder eine falsche Fabrik?«, fragte Felix.

»Nein, diesmal nicht. Ein amerikanischer Fälscher«, erklärte ich.

Felix seufzte. »Und wer?«

»Ein Friseur aus den USA, der zufällig ein Haargummi kreiert hat, das dem *invisibobble* enorm ähnlich sieht. Er behauptet, es sei sehr haarschonend.«

Der Kerl in dem Video war ein eloquenter erwachsener Mann, der sich ganz offensichtlich selbst gern reden hörte – vor allem, wenn er über die Vorzüge UNSERES Produkts sprach.

»Oh. Mein. Gott«, sagte Felix am Telefon nur, als ich ihm den Link zu dem Video schickte. »Gerade jetzt, wo wir in die USA expandieren wollen.«

Ich legte auf und sah mir das Video noch einmal an. Ich stand kurz vor der Explosion. Das war Fälschung auf einem ganz neuen Niveau. Wieder einer dieser nichtsnutzigen alten Säcke, denen nichts Besseres einfiel, als ein paar junge Leute zu kopieren und deren Ideen für sich zu reklamieren. Oberpeinlich.

Es kam so weit, dass wir in Amerika gefragt wurden, wieso *invisibobble* diese Marke kopiert habe (nicht umgekehrt), und ich erklären musste, dass es uns schon seit 2011 gab. Doch man lernt, sich durch Kopien nicht aus der Ruhe bringen zu lassen – solange sie sich nicht auf den Umsatz auswirken, jedenfalls.

Die Marke gibt es nach wie vor, sie ist aber nicht so erfolgreich und hat auch nicht so viele Follower auf den sozialen Medien. Für mich war das mal wieder ein ganz typischer Fall: Einer sieht ein Produkt und glaubt, er kann problemlos eine eigene Version davon auf den Markt bringen, übersieht dabei aber, wie viel Arbeit und Engagement man investieren muss, um erst einmal ein wirklich gutes Produkt und eine entsprechende Marke aufzubauen und dann fortwährend neue Vertriebspartner und Einzelhändler aufzutun, um das Produkt zu verkaufen, und diese Beziehungen zu pflegen.

Nach unserem nicht so glorreichen ersten Vorstoß auf den amerikanischen Markt merkten wir schnell – frei nach Frank Sinatra: Wenn wir es dort schaffen wollten, mussten wir uns gehörig ins Zeug legen.

2015 war zwar in vieler Hinsicht ein bescheidenes Jahr, aber ich hatte dennoch zum ersten Mal wirklich das Gefühl, dass sich unser Produkt halten würde. Unsere Umsatzkurve flachte zwar ab, doch sobald die Probleme mit der Produktion in China gelöst waren, würde sie wieder nach oben drehen, da war ich mir sicher. Trotz unserer Schwierigkeiten hatte sich unser Umsatz 2015 mehr als verdoppelt, und ich rechnete damit, dass bis zum Jahresende jede dritte deutsche Frau einen *invisibobble* gekauft haben würde.

Außerdem hatten wir Hope eingestellt, die unsere Produktentwicklung leiten sollte und in dieser Funktion auch dringend gebraucht wurde. Nebenbei bekamen wir dadurch ein klareres Bild von den Menschen, die wir für unser Unternehmen anwerben wollten. Ideen für neue Produkte kommen oft von Experten: von cleveren Exzentrikern, die als Ingenieure oder Wissenschaftler im Labor tätig sind. Wir hielten es aber für besser, Generalisten einzustellen, weil die eher das Gesamtbild im Auge haben, und die übergeordneten Ziele des Unternehmens. Als Hope bei uns anfing, konnten Felix und ich uns mehr der längerfristigen Strategie widmen – und uns besser organisieren.

19.

Was ich für 1350 Wodka Red Bulls bekam

Was ich gelernt habe:

- Man kann ernst gemeinte Unternehmensbotschaften auch ganz locker übermitteln.
- Eine große Rede übt man am besten vor lauter Achtjährigen.
- Manche Menschen bereiten sich auf eine Präsentation vor, indem sie kräftig und geräuschvoll gegen eine Wand atmen.

Steht man vor einem TEDx-Talk hinter der Bühne, fühlt man sich ein bisschen wie eine Jelly Bean, die jemandem aus der übervollen Hand gefallen ist, auf dem Boden liegt und darauf wartet, zertreten zu werden.

So ging es mir jedenfalls.

Im November 2015 war ich auf der Shortlist der Copenhagen School of Design and Technology, auch KEA genannt, für einen TEDx-Talk gelandet. Ich hatte das nicht ganz ernst genommen, als sie sechs Monate zuvor per E-Mail unverbindlich angefragt hatten, ob ich nicht über den *invisibobble* sprechen wolle.

Für alle, die nicht wissen, was TED ist (das für Technology, Entertainment und Design steht – TEDx ist die lizenzierte Version) – das geht so: Man spricht 10 bis 18 Minuten lang, und das Publikum soll daraus etwas Inspirierendes mitnehmen. Die Talks werden auf YouTube hochgeladen und dort verewigt.

Es haben schon führende Unternehmer und Vordenker aus aller Welt TED-Talks abgeliefert, darunter der Zauberer David Blaine, der erklärte, wie er 17 Minuten lang die Luft anhalten konnte, die Forscherin und Professorin Brené Brown, die über die Kraft der Verletzlichkeit sprach, und der Psychologe Robert Waldinger, der verriet, was die Menschen glücklich macht. Der meistgesehene TED-Talk aller Zeiten ist aber der von Sir Ken Robinson zu dem Thema, ob Schulen die Kreativität abtöten. Er wurde 56 Millionen Mal angeklickt.

Die Titel der meisten TED-Talks enthalten effektvolle Begriffe und Phrasen wie »außergewöhnlich«, »extrem produktiv« oder »weltrettend«. Die Kopfzeilen versprechen, »ein neues Leben«, »bedingungsloses Selbstwertgefühl« oder »dauerhaften Gewichtsverlust«.

Mein TEDx-Talk hieß: »Was ich für 1350 Wodka Red Bulls bekam«, im Original: »What I Traded 1350 Vodka Red Bulls in for.«

Schließlich hatten wir das durch den Verzicht auf diverse Drinks gesparte Geld in den *invisibobble* investiert, und ich hoffte, dieser reißerische Titel würde die Menschen für meine Geschichte interessieren.

Ich hatte noch nie vor so großem Publikum gesprochen wie bei TED, und noch nie war ich dabei gefilmt worden. Ich wollte Memes in meinen Vortrag einfließen lassen, und Fotos, die mich abends als beschwipste Studentin der Warwick University zeigten (die ich ja erst im Jahr zuvor verlassen hatte). Ich wollte nicht die Welt verändern, was so ganz und gar nicht TED-mäßig war.

Beim ersten TEDx-Vorgespräch schienen die TED-Leute von meinem Titel nicht sehr beeindruckt. Ich wusste aber, dass die Menschen drei Dinge von mir lernen konnten – ganz einfache Ratschläge, die sich das Publikum aus Studenten, CEOs und Unternehmensgründern leicht merken konnte. Darauf komme ich gleich noch zurück, doch bei dem Gespräch fiel mir nichts Besseres ein, um das Team aus Kopenhagen zu überzeugen, als die Leute aufzufordern, einfach Vertrauen zu mir zu haben.

»Vertrauenswürdigkeit ist alles, was ich euch anbieten kann«, erklärte ich ihnen.

»Vertraut mir, dass ich euch nicht hängen lasse, wenn ich da vorne stehe. Ich werde auf die Bühne treten, mein Ding durchziehen und einen ordentlichen Vortrag abliefern.«

Um sie zu überzeugen, musste ich meine Präsentation vorab schriftlich einreichen. Angesichts meiner Arbeitsbelastung brauchte ich rund drei Wochen, um sie aufzusetzen. Die Antwort kam innerhalb von 24 Stunden: »Wir würden sie gern ganz offiziell dazu einladen, auf TEDx KEA zu sprechen.«

Wow. Ich soll das wirklich machen, dachte ich.

Danach verbrachte ich Stunden vor dem Spiegel, um meine Gestik einzuüben, trug meinem Vater vor, was ich sagen wollte, und probte vor einem Live-Publikum aus Achtjährigen an meiner Grundschule. Den Kleinen gefiel mein Vortrag offenbar. Dann kann ja nichts mehr schiefgehen, dachte ich.

Ein paar Tage vor der Aufnahme traf ich allein in Kopenhagen ein, um mich vorzubereiten.

Wenn ich einen Vortrag halten muss, bin ich gern mindestens 24 Stunden vorher mit den Vorbereitungen durch, um sicherzustellen, dass ich mir am Tag zuvor den Luxus leisten kann, den Kopf ganz frei zu bekommen. In Kopenhagen genoss ich es, allein im Hotel zu sein, allein zu Abend zu essen, durch die Straßen zu bummeln und am Hafen entlang zu schlendern und mich über Kopfhörer von den Black Eyed Peas beschallen zu lassen.

Am Tag vor der Aufnahme lief ich von meinem Hotel aus zu Fuß zur Probe, bog um eine Ecke und sah das Gebäude, in dem das Ganze stattfinden sollte. Es hieß Black Diamond und war ein riesiger, glänzender, dunkler Glaskasten am Hafen, in dem sich die königlich-dänische Bibliothek befand. Dort werden die Manuskripte des Philosophen Søren Kierkegaard aufbewahrt, der vermutlich einer der klügsten Menschen der Welt war.

Ich ging hinein und sah, dass auch der Hörsaal wirklich, wirklich cool war. Und ich dachte: *Das ist eigentlich viel zu schick für alles, was ich im Sinn habe.*

Am Morgen des großen Tages saß ich in meinem Hotelbett. In meinem Kopf herrschte gähnende Leere. Ich konnte mich gerade noch darauf konzentrieren, meine Socken anzuziehen. Da ist eine Socke – alles klar, sie ist an meinem Fuß. Nun die zweite. Ich band mir die Haare mit einem Haargummi hoch. Ich zog ihn wieder heraus. Schließlich ging ich zum Black Diamond, wo ich mich ganz hinten im Hörsaal mit meinen Eltern, Felix und ein paar anderen traf. Ich lauschte drei Vorträgen und war überhaupt nicht nervös.

Dann erhob ich mich wortlos und ging hinter die Bühne.

Dort stand ein Typ und ging seinen Vortrag noch einmal durch, indem er A4-Seiten hin- und herblätterte. Ein anderer stand in der Ecke und atmete kräftig und geräuschvoll gegen die Wand ein und aus. Bei jedem Ausatmen stieß er ein *Ha* hervor. Neben mir wurde ein Frau geschminkt, während sie mit einem Coach sprach (ein Coach?!). Der Coach sagte: »Was wollen Sie sagen? Wie werden Sie es sagen? Wie fühlen Sie sich jetzt? Wir brauchen mehr Power! Entspannen Sie sich. Lassen Sie uns drei Minuten still werden.«

Sie alle hatten eine *Entourage* dabei. Nur ich nicht. Kein Telefon, keine Notizen, keine Sitzgelegenheit. Einer der Betreuer kam auf mich zu und fragte, wo denn meine Begleitung sei? *Begleitung? Brauche ich Begleitung?*

Um mich zu beschäftigten, blätterte ich durch die Titel der anderen Vorträge: »Wie Sie Lebensmittelverschwendung vermeiden können«, »Wie Sie aus Big Data Geld machen können«, »Ein Manifest des Mitspracherechts für meine ungeborene Tochter«. *Und ich würde über Haargummis aus Plastik sprechen, und über die ganzen Wodka Tonics, die ich an der Uni getrunken hatte – oder eben nicht. Na toll.*

Und plötzlich wurde ich richtig nervös. An der Wand standen aufgestapelte Stühle. Ich ging hinüber und setzte mich auf einen der Stapel. Dann kam die Maskenbildnerin von TEDx zu mir und legte mir Make-up, Mascara und Lidschatten auf. Da nirgendwo ein Spiegel war, wusste ich gar nicht, ob ich noch aussah wie ich selbst.

Als sie das Rouge auftrug, wollte ich im Kopf noch einmal meinen Vortrag durchgehen. *Als ich 18 Jahre alt war, beschloss ich, ein Unternehm …*

»SophieSiesindalsNächstedrankommenSiebitteundholenSiesichjetzt-IhrMikro«, sagte eine Stimme. *Wie bitte?*

»Sophie, Sie sind als Nächste dran. Kommen Sie bitte und holen Sie sich jetzt Ihr Mikro.«

Die Stage-Managerin reichte mir ein Glas Wasser, befestigte das Mikro und erklärte mir währenddessen, dass drei Stufen zur Bühne hochführten und der Klicker für die Präsentation auf dem Tisch lag, auf dem ich mein Wasserglas abstellen sollte.

Ich hörte, was sie sagte, und war plötzlich wieder ganz bei mir. *Ich kann das.*

Ich ging die Stufen hinauf, über die Bühne, stellte mein Wasserglas ab, griff nach dem Klicker und stellte mich auf den großen roten

TEDx-Fleck. Ich hörte Beifall. Sehen konnte ich niemanden, weil das Licht auf der Bühne so grell war. Ich begann zu sprechen.

Vierzehneinhalb Minuten später war ich fertig. Es hatte alles geklappt. Als ich die Bühne verließ, applaudierte das Publikum noch. Ich wurde durch eine Tür hinausgeführt, und jemand nahm mir das Mikro ab. Das war gar nicht so einfach, weil ich einen Pulli mit riesigen Superman-Fledermausärmeln trug. Ich war so aufgeregt, ich hätte einen Schnaps nach dem anderen trinken, meine Familie umarmen und tanzen können, und das vor allen Leuten – und zwar gleichzeitig.

Doch das musste warten. Schließlich hatte gerade ein weiterer Vortrag begonnen, und ich stand allein im prächtigen Foyer des Black Diamond. Ein großes Fenster gab den Blick aufs Wasser frei. Ich sah, dass es schneite. Es war ganz still, und in meinem Kopf, in dem es so viele Stunden lang SO LAUT gewesen war, kehrte Ruhe ein.

Mit den Augen verfolgte ich die Schneeflocken, als hinter mir eine Tür aufging und ein Freund meines Vaters herauskam, der meinen Vortrag gehört hatte.

Er reichte mir meinen Lieblingslongdrink: einen Wodka Tonic.

20.

Wir kommen gleich nach den Kacktropfen

Was ich gelernt habe:

- Guacamole macht Flecken auf dem Kopfkissen.
- Verhandlungen mit Einzelhändlern sind in den USA härter als in Europa.
- Als Gründer hegt man durchaus Gefühle für die eigene Marke.

Unser amerikanischer Traum hatte zwar einen Knacks bekommen, doch wir waren nach wie vor überzeugt, dass wir es in den USA schaffen konnten.

Ende 2015 nahmen uns dort mehrere kleinere Einzelhandelsketten in ihr Sortiment auf – doch wir hatten noch so viel mehr Möglichkeiten.

In meinem Kopf hallten immer noch die Stimmen wider, die mir erzählt hatten, in Amerika hätten wir keine Chance. Auch der amerikanische Trittbrettfahrer lag mir nach wie vor im Magen. Doch dann bot sich 2016 die Chance, uns auf einer Messe in New York zu präsentieren. Hope und ich flogen hin. Es wurde eine fantastische Reise – nicht nur, weil wir neue Verpackungslieferanten fanden, die uns Kosten sparen würden, sondern auch, weil wir 23 Jahre alt waren – und im Big Apple im Geschäft.

Wir erkundigten uns bei Freunden, welches Hotel sie empfehlen konnten, und sie rieten uns zu einem ehemaligen Parkhaus in der Nähe des Meatpacking District. Möglicherweise waren die Margaritas am Pool auf dem Dach am Freitagabend eine tolle Sache, doch unser Zimmer war so klein, dass wir beide, das Bett (eine Matratze auf dem Boden) und unsere zwei Koffer kaum darin Platz fanden. Zweibettzimmer sind in New York Mangelware, deshalb teilten Hope und ich uns ein Doppelbett. Drum herum stapelten wir die Koffer. Abends mussten wir quasi einen Hechtsprung über alles machen, was da herumlag. Sitzgelegenheit gab es keine. Wollten wir einander aus dem Weg gehen, musste sich eine aufs Klo setzen. Obwohl wir viel unterwegs waren, hielten wir uns an ein Budget von 200 Dollar pro Nacht – und dafür in Manhattan ein Hotelzimmer zu finden, ist gar nicht so einfach. Diesmal zahlten wir 220 Dollar für ein Minizimmer in einem hippen Hotel, in dem wir nach einem langen Arbeitstag und einer durchfeierten Nacht erschöpft umfallen konnten.

Hope und ich waren damals in unserer mexikanischen Phase: Wir aßen zu Mittag Tacos, kauften uns mexikanische Decken und versuchten, zu

Hause in München Mezcal-Cocktails zu mixen. Ein komischer Zufall, denn als wir in New York waren, war gerade Cinco de Mayo, ein großes Fest zum Gedenken an den Sieg der Mexikaner über die Franzosen im Jahr 1862. Wir hielten ständig Ausschau nach Guacamole, und zur Halbzeit unserer Reise – es war schon spät, und wir waren gerade im Taxi auf dem Weg zurück ins Hotel – endeckten wir das Schild unserer Träume: »24-Stunden-Fajitas.« Verführerisch blinkte es uns durch das Taxifenster an.

Wir hatten den ganzen Abend über nur von Alkohol und Knabbereien gelebt und MUSSTEN einfach noch ein bisschen Guac haben. Es war 2 Uhr früh, und die Hotelküche hatte schon geschlossen. Doch wir waren ja in New York, und die Fajita-Bude lieferte rund um die Uhr. Die Rezeption vermittelte uns weiter.

»Hi, zwei Fajitas mit extra Guacamole, bitte«, plärrte ich ins Telefon (wir waren in einer SEHR LAUTEN Bar gewesen).

»Was für Fajitas? Es gibt sie mit Huhn, Rind, Krabben, Veggie, Tofu, Tempeh, Schwein, Thunfisch, Wolfsbarsch, mexikanischem Reis, schwarzen Bohnen, Pintobohnen, Flageoletbohnen, vollfettem Käse, Magerkäse, Sour Cream, Chili, Tomaten, rohen Zwiebeln …«, leierte der Kerl im typisch monotonen Tonfall eines Amerikaners herunter, der eine lange Liste vorliest.

»Guaca-«, wollte ich gerade sagen.

Da riss mir Hope das Telefon aus der Hand.

»Hallo. Hier spricht Hope. Wir hätten gern einfach zwei große Rindfleischfajitas mit extra Guacamole, bitte. Alles klar?«, sagte sie mit ihrem schönsten beschwipsten britischen Akzent, der sich in jener Nacht ungefähr so anhörte: »Faaahietas mit Guaaacaaamoulei.«

Im Zimmer versuchten wir, nüchtern zu werden, damit wir die leckere Guaaaac auch zu würdigen wüssten. Es klopfte.

»24-Stunden-Fajitas«, sagte jemand.

Hope und ich drängelten zur Tür, und ich griff gierig nach der Tüte mit dem Essen.

»Das macht 35 Dollar.«

Ich drückte dem Fajitamann meine Kreditkarte in die Hand.

»Tut mir leid, Ma'am, keine Karten. Nur Barzahlung.«

»Können wir das morgen früh erledigen?«

»Nein, Ma'am.«

»Kann ich Ihnen mein Telefon als Sicherheit überlassen? Ich komme gleich morgen früh vorbei und zahle. Bitte?«, sagte Hope über meine Schulter.

»Nein, Ma'am.«

Da erschien ein Wachmann, den unser betrunkenes Krakeelen im Hotelflur auf den Plan gerufen hatte.

»Gibt es ein Problem?«

»Wir müssen die Guac bezahlen, aber er nimmt keine Karten«, erklärte ich.

»Also gut, Sir, bitte nehmen Sie Ihre Guac und gehen Sie wieder«, sagte der Wachmann zu dem Mann von »24-Stunden-Fajitas«.

Da drängte sich Hope an mir vorbei.

»Aber wir brauchen doch unsere Guacamoulei!«

Inzwischen war der Rezeptionist dazugestoßen, der für uns bestellt hatte. Er zückte seine Geldbörse.

»Wie viel?«

Der Rezeptionist zahlte den Guacamole-Mann aus seiner Tasche.

Weil unser Zimmer so winzig war, mussten wir unsere 35-Dollar-Guacamole wohl oder übel auf dem Bett essen. Wir machten also unseren üblichen Hechtsprung, legten uns auf den Bauch, hielten unsere Pappschachteln in der einen Hand und stopften uns mit der anderen das Essen in den Mund. Wir lagen so, dass möglichst keine Guac auf unsere Steppdecke tropfen konnte. Darüber schliefen wir ein, den Kopf halb in der Guacamole.

Prompt wachte ich morgens mit einem großen grünen Fleck auf meinem Kissen und einer Schachtel mit Tortilla-Chips neben meinem Kopf auf. Und natürlich hatten wir vollkommen vergessen, dass der Rezeptionist unser Fajita-Festmahl bezahlt hatte (woran er uns aber freundlich erinnerte). Wir hatten gerade mal drei Stunden geschlafen. So oder ähnlich verlief die ganze Woche. Wir hielten uns mit Margaritas, Guacamole und Eimern voller Starbucks-Kaffee auf den Beinen, waren entweder betrunken oder verkatert und amüsierten uns königlich.

Ich hatte dort auch meine erste Begegnung mit Journalisten in den USA. Wir hatten eine PR-Agentur beauftragt, die mich Redakteuren und Journalisten von Zeitschriften vorstellte, ohne mir viel darüber zu verraten, was diese gern von mir hören wollten. Das trug uns ein paar ganz gute Artikel ein, doch wie meistens war mir überhaupt nicht klar, wie das eigentlich gelaufen war. Damals stellte ich mich einfach hin und sagte: »Hallo, ich bin Sophie, und das sind unsere *invisibobble*-Haargummis, die keinen Abdruck hinterlassen.« Heute versuche ich vor solchen Terminen zumindest festzustellen, wofür sich der betreffende Journalist interessiert.

Am Ende der Woche flog ich nach Chicago, um mich mit unserer Vertriebsleiterin Zelda und einem der größten Vertriebspartner für Friseursalons in den USA zu treffen. Mein Flug hatte Verspätung. Ich traf gegen 2:30 Uhr im Hotel ein, legte mich kurz aufs Ohr und stand um 5:30 Uhr wieder auf, um pünktlich zum Termin zu erscheinen. Ich war davon ausgegangen, dass Zelda alles durchgerechnet hatte und wusste, wie viel wir mit dem Vertriebspartner umsetzen wollten und welche Kollektionen wir ihm gern verkaufen würden. Hatte sie nicht. Zum Glück ist in Chicago immer Stau. Deshalb hatten wir genug Zeit, unsere Präsentation vorzubereiten.

Der Termin war ein Erfolg. Der Vertriebspartner wollte über sein Netz aus 100 000 Friseurgeschäften *invisibobbles* verkaufen. Juchhu! Wir hatten das Gefühl, der amerikanische Knoten platzte endlich. (Natürlich würden nicht unbedingt alle 100 000 Friseursalons *invisibobbles* ordern, doch wir hatten den Fuß in der Tür.)

In den USA blieb aber noch viel zu tun. Wie schon gesagt sitzen dort ein paar der größten Einzelhändler der Welt – größer als alles, was es in Europa gibt. Ich bin ein Einzelhandelsfreak und interessiere mich für die Unterschiede zwischen europäischen und amerikanischen Läden.

Auf einer weiteren Amerikareise wollte ich mir einen Eindruck von einer der größten Supermarktketten der Welt verschaffen, um besser zu verstehen, wie viele Amerikaner lebten, und herauszufinden, ob wir unsere *invisibobbles* in solchen Läden sehen wollten. Die Filiale befand sich am Rand einer texanischen Kleinstadt, und schon als ich auf den Parkplatz fuhr, sah ich, dass allein der Abholbereich für Onlinebestellungen so groß war wie ein durchschnittlicher europäischer Supermarkt. Die Filiale hatte einen eigenen Eingang in den Foodbereich und einen anderen für Haushaltswaren und Drogeriebedarf. Außerdem gab es ein Gartencenter und einen Reifendienst. Oh, und ein »Burger King« war ebenfalls in den Komplex integriert.

Natürlich war drinnen alles RIESENGROSS. Viel, viel größer als in Europa. Es gab einen ganzen Gang mit Kartoffelchips auf beiden Seiten – mit großen Tüten Cheetos Crunchy XXTRA Flamin' Hot, Cheetos Puffs Flamin' Hot, Cheetos Flamin' Hot Chipotle Ranch, Cheetos Flamin' Hot Lime und Cheetos Flamin' Hot Crunchy – ja, sogar eine Mischung aus Cheetos und Doritos.

Die meisten Kunden häuften Fressalien und Klamotten in gigantische Einkaufswagen. Die Gänge waren so lang wie ein Fußballplatz. Eine korpulente Frau in einem Elektrorollstuhl lud Bier in einen Korb, den sie vor sich hatte, und kaute währenddessen an einem ganzen Laib Brot, den sie von einem Regal gefischt hatte.

Wir wollten in Amerika Erfolg haben, mussten uns aber genau überlegen, in was für Läden wir unsere Produkte verkaufen wollten. Dieser hier fühlte sich instinktiv zu sehr nach Massenware an. Ich war sicher, das war nichts für uns – vor allem, weil die gehobeneren Kunden sehr genau wissen wollten, wo unsere Produkte sonst noch angeboten wurden.

Es gab noch eine große Einzelhandelskette in den USA, von der ich mir viel versprochen hatte – eine Drogeriemarktkette, die bereits ihre Fühler nach uns ausgestreckt hatte. Sie hatten sich zu einem Probelauf bereiterklärt und *invisibobbles* in die großen Körbe gefüllt, die man oft in Kassennähe stehen sieht – aufgestellt in der Hoffnung, dass der Kunde noch ein paar Dollar mehr im Laden lässt. Das war für uns okay, doch natürlich wollten wir auch ins reguläre Haaraccessoire-Sortiment im Hauptbereich des Ladens aufgenommen werden.

Der Hauptsitz der Drogeriekette sah aus wie ein riesiges Parkhaus mit Fenstern. Drinnen befanden sich reihenweise Arbeitsnischen, die mich an Dilbert-Cartoons erinnerten. Jeder Mitarbeiter saß in seinem Kabuff, eingekastelt von stoffbezogenen Trennwänden, die ganz offensichtlich nicht mit Fotos oder Dokumenten individuell gestaltet werden durften und alle in eintönigem dumpfem Braun gehalten waren. Den äußersten Rand bildeten die Büros für die wichtigeren Leute. Auch diese waren fensterlos und bestanden aus drei kahlen Wänden und einer Glasfront mit Blick über das Großraumbüro. Noch höhere Tiere hatten tatsächlich Büros mit Fenstern, doch diese waren getönt und milchig, um die Sonne auszusperren. Es war ein bisschen wie in Las Vegas, denn in dem Gebäude wusste man auch nie, ob es Tag oder Abend war, weil man nirgendwo hinaussehen konnte.

Ich stellte den *invisibobble* der für Haarschmuck zuständigen Einkäuferin vor, einer Dame mittleren Alters, die mir in einem der Büros für wichtigere Leute gegenübersaß. Auf ihrem Tisch stand ein 700-Milliliter-Eistee von »Dunkin' Donuts« (fast so groß wie eine Flasche Wein). Während ich sprach, schaute sie mich mit leerem Blick unverwandt an und saugte hin und wieder einen Schluck Eistee durch den Strohhalm.

Meistens erhielt ich als junge Gründerin einer Marke positives Feedback. Einkäufer von Einzelhändlern haben eher selten mit Unternehmensgründern zu tun, denn bei vielen Marken gibt es die gar nicht. Solche Marken werden von Produktentwicklungs- und Marketingteams erdacht und dann an Vertriebsteams übergeben, die sie an den Mann bringen sollen. Außerdem verlassen viele Gründer ihre Unternehmen, weil sie schleunigst Exit-Strategien entwickeln – um gut zu verkaufen und weiterzuziehen.

Ich schüttete der Dame mit dem Rieseneistee daher mit gewohntem Überschwang mein Herz aus, erzählte ihr, wie ich den *invisibobble* erfunden hatte, weil ich immer Kopfschmerzen bekam, wie gut er bei anderen Frauen ankam, weil er keine Abdrücke im Haar hinterließ, wie gefragt er in Europa war, wie niedlich die kleinen Packungen aussahen, wie sehr ich die Marke liebte, und so weiter und so fort …

»Ist ja süß, wie engagiert Sie sind«, unterbrach sie mich, »aber ich habe nichts davon, wenn Sie mir eine Erfolgsstory aus Deutschland oder aus dem Vereinigten Königreich erzählen. Wir sind hier in Amerika. Das ist eine andere Welt. Wir verkaufen viele verschiedene Produkte, und Sie müssen aus dem Mix herausstechen. Der Einkaufspreis ist zu hoch. Der Einzelhandelspreis ebenfalls. Ihre Produkte sind zu klein. Die Leute werden nicht verstehen, warum sie so teuer sind – und unsere Kunden werden sie nicht kaufen, oder höchstens mal aus einem Impuls heraus.«

Außerdem erklärte mir die Dame, sie müsse bestimmte Gewinnziele erreichen und könne den *invisibobble* daher nicht ins Programm aufnehmen, weil er die durchschnittliche Gewinnmarge für Haaraccessoires drücken würde. Wie sollte sie das rechtfertigen? Es war total frustrierend.

Damit stand sie auf, nahm ihren Eistee in die eine Hand, streckte mir die andere entgegen und segelte durch die Tür ins Dilbert-Land hinaus.

Ich fühlte mich regelrecht abgewatscht.

Wir hatten aber noch eine Chance. Wir hatten einen Termin mit dem Mann vereinbart, der für die Körbe mit Ware für Impulskäufe zuständig war. Er sollte die Kunden wie gesagt dazu bringen, auf dem Weg zur Kasse noch schnell etwas in den Wagen zu legen. Und er würde mir sagen, wie sich unser Testlauf angelassen hatte.

»Tut mir sehr leid, aber der Umsatz ist nicht berauschend. Wenn das so weitergeht, werden wir Sie aus dem Programm nehmen müssen. Im Ranking schneiden Sie sehr schwach ab.«

Autsch.

Ich atmete tief durch. »Können Sie mir sagen, wo wir im Ranking liegen?«, fragte ich. Der für Impulskäufe zuständige Einkäufer hatte zwar ein eigenes Büro, aber eines von der Sorte mit drei Wänden und Blick ins Großraumbüro, und es war viel kleiner als das der Eisteefrau. Sein Schreibtisch war ziemlich schmal, und als er unsere Umsatzzahlen auf den Bildschirm holte, konnte ich mitlesen.

Ich beugte mich vor und schaute kurz auf den Monitor. Ich sah, dass *invisibobble* Platz DREI im Ranking belegte. Den dritten Platz. Gleich hinter einem Mittel, das man ins Klo träufelte, wenn man sein Geschäft gemacht hatte, damit es im Bad nicht roch.

»Aber wir liegen ja gleich hinter den Kacktropfen!«, rief ich aus.

»Ich habe Ihnen nicht gestattet, auf meinen Bildschirm zu schauen. Das sind vertrauliche Informationen«, polterte der glatzköpfige Mann, setzte seine Riesentasse auf dem Tisch ab und drehte den Monitor weg.

Ich schnappte nach Luft. »Sorry. Aber bitte – könnten Sie den Testlauf nicht noch ein paar Monate fortsetzen – in anderen Filialen?«

Frechheit siegt – er musste lachen und behielt uns im Programm. Ein paar Monate später rief mich die Eisteedame aus dem Mrs.-Wichtig-Büro an und erklärte, sie wolle gerne eine Bestellung aufgeben. Inzwischen werden wir in allen ihren Tausenden von Filialen US-weit vertrieben – unser bisher größter Abschluss.

21.

Das Sahnehäubchen

Was ich gelernt habe:

- So erfolgreich wir auf einem Markt auch waren, es gab immer einen anderen, auf dem wir abkackten.
- Wie sich herausstellte, kann man spiralige Haargummis doch patentieren lassen.
- Der Stress, den ein Unternehmer hat, ist nicht zu unterschätzen.

Es war toll, dass wir ins Sortiment der großen amerikanischen Drogeriekette aufgenommen worden waren, doch wie ich schon erwähnt habe: Für viele Marken wird der Vertrieb auf dem Massenmarkt zum Problem, wenn sie ihr Produkt im Premiumsegment unterbringen wollen.

Einer der amerikanischen High-End-Einzelhändler hatte sehr konkrete Vorstellungen davon, was wir durften und was nicht. Er führt ständig bestimmte Luxusmarken, nimmt aber kleinere, hippere Marken nur für maximal drei Jahre in sein Programm auf. Diese Strategie funktioniert für ihn sehr gut, weil Neues immer spannend ist und die Kunden wiederkommen.

Nachdem wir bei der großen Drogeriekette angenommen worden waren, mussten wir ihm das mitteilen. Also schickten wir ihm ein paar Wochen vor dem Startschuss bei der Drogeriekette eine E-Mail entsprechenden Inhalts. Er antwortete prompt:

Von: Einkäuferin des Nobelladens
An: Mich
Gesendet: 7. Dezember 2016, 14:15 Uhr
Betreff: AW: Listing-Informationen

> Okay. Wir nehmen unverzüglich sämtliche *invisibobbles* in allen Filialen aus dem Sortiment.
>
> Bitte teilen Sie uns eine Rücksendeadresse für die Ware mit.
>
> Mit freundlichen Grüßen

Mist.

Mit dieser Reaktion hatten wir nicht gerechnet. Ich griff sofort zum Telefon. Ob wir nicht extra für sie eine eigene Linie auflegen konnten? Wäre das vielleicht eine Möglichkeit?

»Sehen Sie, Sophie, wir führen grundsätzlich keine Marken, die es auch auf dem Massenmarkt gibt. Das entspricht nicht unserer Strategie«, erklärte sie. Sie ließ nicht mit sich reden.

Wir durchforsteten ihre Website auf der Suche nach irgendeinem Produkt, das auch auf dem Massenmarkt vertrieben wurde.

Glätteisen! Auf ihrer Website war ein Glätteisen einer Marke zu finden, das man auch anderswo kaufen konnte – genau dieselbe Marke und derselbe Typ. Ich rief sie noch einmal an.

»Nein, das kann nicht sein. So arbeiten wir nicht«, erklärte sie.

»Aber ich habe doch genau dasselbe Glätteisen auch auf dieser anderen Website gefunden«, protestierte ich.

»Sollte das der Fall sein, werde ich das Glätteisen unverzüglich aus unserem Programm nehmen«, sagte sie und legte auf.

Sie war ziemlich sauer, aber einen Versuch war es wert gewesen. Wir fanden, mit dem High-End-Händler war es zwar ganz gut gelaufen, doch wir sollten uns jetzt lieber auf den Massenmarkt konzentrieren. Das Okay der großen Drogeriekette würde uns hoffentlich die Tür zu weiteren Anbietern aufstoßen.

Etwa einen Monat später erhielten wir zu unserem Erstaunen wieder eine Bestellung von dem Premium-Laden. Da musste wohl ein Fehler passiert sein. Ich rief die Einkäuferin an.

»Ich wollte nur sichergehen – wir haben da diese Bestellung vorliegen, aber ich gehe davon aus, dass wir nicht liefern sollen, weil Sie uns ja aus dem Sortiment nehmen«, sagte ich.

»Nein. Bitte liefern Sie. Und ich würde gern einen Termin mit Ihnen vereinbaren. Bitte legen Sie uns Ihr neues Konzept vor«, meinte sie.

Yes! Und OhmeinGottwirhabennurzweiWochenumunsereneueIdeezupräsentieren!

Oh mein Gott, wir hatten nur zwei Wochen, um eine neue Idee vorzulegen. Bis dahin hatte unsere Produktentwicklung darin bestanden, uns neue Farben für den Original-*invisibobble* auszudenken. An Größe oder Form hatten wir nie etwas geändert. Was konnten wir für den Premium-Einzelhändler entwickeln, das sich von unseren übrigen Produkten maßgeblich unterschied?

Das einzig Gute, was sich aus all den Katastrophen ergab, die uns ereilten, war ein Faktor, den alle jungen Marken brauchen: Innovation. In den ersten drei Jahren hatten wir uns darauf verlassen, dass unser *invisibobble* etwas Neues war, etwas leicht Nachvollziehbares, das bei den Leuten gut ankam, und dass das so bleiben würde, wenn wir unseren Vertrieb ausbauten und neue Märkte erschlossen.

Es war uns auch gelungen, mehrmals pro Jahr Sonderkollektionen herauszubringen. Das sind begrenzte Auflagen – eine meiner Lieblingsserien erschien im Sommer 2015 zum Thema Savanne. Wir nannten sie Wild Whisper. Es gab ein cremefarbenes Haargummi mit einem Löwen auf der Schachtel, das wir Queen of the Jungle nannten, ein korallenrotes namens Fancy Flamingo, ein grünes, das Lisa besonders gut gefiel und C U Later Alligator hieß, und ein blassblaues mit dem schönen Namen Fata Morgana (das ist so eine Art Hitzeflimmern).

Auch die Kollektion Cookie Dough Craving mochte ich gern. Dafür gelang es uns, unsere *invisibobbles* mit Plätzchenduft zu versehen. Wir mieteten für einen Tag eine Produktionsstraße in einer Keksfabrik, sodass sogar die Verpackung stimmte.

Wir wissen, dass Kunden in der Haarschmuckabteilung gewöhnlich nur wenig Zeit verbringen – genauer gesagt rund drei Sekunden. Wir haben also drei Sekunden, um jemanden zu überzeugen, zu unseren Haargummis zu greifen, nicht zur Eigenmarke des Händlers oder zu einem herkömmlichen Haargummi. Deshalb müssen *invisibobbles* unbedingt ganz anders aussehen. Ich wollte immer, dass unsere Verpackung so süß ist wie ein Bonbon – denn Bonbons sind oft bunt, immer verführerisch und werden aus einem Impuls heraus gekauft.

Doch so gut sich die Sonderkollektionen auch verkauften, wir wussten: Wir brauchten mehr Innovation. Von Friseuren und Nutzern sozialer Medien kamen Rückmeldungen, dass sie sich dickere Haargummis wünschten, die auch beim Sport fest im Haar saßen, und auch kleinere, feinere, mit denen sich Zöpfe binden ließen. Also entwickelten wir 2016 die Produktlinien Power und Nano und lancierten sie als kleine und große Schwestern des Original-*invisibobbles.* Natürlich musste man den Menschen unmissverständlich vermitteln, wozu sie gut waren. Also beschrieben wir die Power-Reihe als den »Haargummi mit dem starken Grip« und druckten zwei kleine Diagramme auf die Packung, die jemanden mit sehr dickem Haar und jemanden im Sport-Look zeigten.

Außerdem mussten wir für unsere Nobelkette in den USA etwas Besonderes herausbringen, und zwar zackig. Das Produkt musste anders und irgendwie luxuriöser sein als das Original. Das brachte uns auf die Slim-Reihe, die etwas filigraner wirkte als das Original und auch ein bisschen cooler. Das Material ist etwas dünner als beim Original und stärker gewendelt. Wir erstellten eine Präsentation und schickten sie per E-Mail an die Einkäuferin.

Um aus dem Slim etwas ganz Besonderes zu machen, schlugen wir vor, ihn in Metallic-Farben zu produzieren – Bronze Me Pretty, Stay Gold und ein silberfarbener namens Chrome Sweet Chrome. Das Haargummi sollte wie ein Schmuckstück aussehen, das man auch gern am Handgelenk trug.

Ein paar Wochen später ging die Rücksendung unserer bisherigen Originale bei uns ein – und eine E-Mail.

Die Einkäuferin wollte *invisibobbles* der Slim-Reihe für 87 000 Euro bestellen – ein Riesenauftrag. Wir gingen davon aus, dass es zwei bis drei Monate dauern würde, bis diese Menge verkauft war, doch schon sechs Wochen später ging eine Nachbestellung ein. Der Slim hatte seinen Zweck erfüllt.

Wie so oft in der Geschichte des *invisibobble* (und der meisten Start-ups) waren gute Nachrichten häufig von negativen Entwicklungen begleitet. 2016 reihte sich ein Ereignis in unsere Pleiten-, Pech- und Pannenserie ein, das keiner von uns auf dem Schirm hatte.

In den USA hatte es jemand geschafft, die Spiralform des Haargummis patentieren zu lassen – obwohl uns von juristischer Seite mehrfach erklärt worden war, dass man eine Form, die bereits breite Verwendung findet (zum Beispiel in Form von Spiralkabeln am Telefon), nicht zum Patent anmelden kann. Doch es stellte sich heraus, dass offenbar jemand die Möglichkeit dazu gefunden hatte. Nachdem wir in den USA so darum gekämpft hatten, von einschlägigen Einzelhändlern vertrieben zu werden, trudelten Ende 2016 die ersten Abmahnungen bei uns ein. Der Kerl hatte sein Patent Jahre nach der Gründung von *invisibobble* angemeldet und war ein Opportunist, wie er im Buche stand. Er suchte nach Produkten, die sich patentieren ließen, um die Hersteller der Originale dann mit Prozessen zu überziehen.

Wie schon gesagt, verkauft kein Laden ein Produkt, wenn es damit juristische Probleme gibt. Und der Knabe hatte sich an unsere Einzelhändler gewandt und ihnen erklärt, er habe das Patent, und unser Produkt verletze dieses. Prompt nahmen die Einzelhändler die *invisibobbles* aus den Regalen. Eine Woche lang bekam ich praktisch jeden Tag eine E-Mail, die ungefähr folgendermaßen lautete:

Von: Rechtsabteilung
An: Mich
Gesendet: 10. Dezember 2016, 15:15 Uhr
Betreff: Mitteilung über Bezugsunterbrechung

Hierbei handelt es sich um eine automatisch erzeugte Mitteilung, dass die folgenden Artikel an den Verkäufer zurückgesandt werden.

invisibobble Original True Black
invisibobble Original Crystal Clear
invisibobble Original Pretzel Brown
invisibobble Original To Be Or Nude To Be
invisibobble Original Blush Hour
invisibobble Original Mint To Be
invisibobble Power True Black
invisibobble Power Crystal Clear
invisibobble Power Pretzel Brown
invisibobble Power To Be Or Nude To Be

Bitte antworten Sie nicht auf diese E-Mail. Dies ist eine automatisch versendete E-Mail.

Um die Geschichte abzukürzen: Wir setzten uns in aller Heftigkeit mit dem Kerl auseinander, und vor Weihnachten eskalierte der Streit. Etwa drei Wochen lang fand ich jeden Morgen beim Aufwachen mehrere dieser schlimmen, computererzeugten E-Mails von Einzelhändlern in ganz Amerika in meinem Posteingang. Manchmal waren wir vorgewarnt, weil uns unsere Ansprechpartner bereits telefonisch informiert hatten, in anderen Fällen erreichten uns die Mails vollkommen unerwartet. Der Kerl ließ seine Anwälte diese albtraumhaften Briefe systematisch an unsere schwer errungenen Kunden schicken, die uns dann unverzüglich mitteilten, dass sie unsere Produkte aus dem Programm nahmen. Es war, als hätte jemand einen roten Alarmknopf gedrückt und ließe über Lautsprecher eine Warnung erschallen, die alle Läden in helle Panik versetzte.

Wegen des Zeitunterschieds musste ich oft lange aufbleiben und telefonierte manchmal noch spät nachts mit den betroffenen Einzelhändlern. Ich wollte sie dazu bringen, den *invisibobble* wenigstens noch eine Woche im Handel zu lassen, während wir versuchten, das juristische Chaos beizulegen.

Während ich mit den Händlern telefonierte, gingen weitere E-Mails ein, und wenn sich die Anwälte des Kerls meldeten, musste ich deren Anrufe zwischenschalten. Und mit jedem Anruf wurde ich zorniger. Der Kerl hatte mich in die Enge getrieben und wollte Geld. Sonst würde er den Einzelhändlern noch geharnischtere Anwaltsschreiben schicken.

Als wir das Büro über die Feiertage schlossen, war die Angelegenheit noch nicht bereinigt. Ich war in die Schweiz geflogen, um meine Familie zu besuchen. Hope war heimgefahren – also nach England – und Felix, Dani und Niki trieben sich irgendwo in Deutschland auf einem Berg herum. Doch wir konnten diese Sache nicht bis ins neue Jahr hinein schleifen lassen. Wir mussten das schnell in den Griff bekommen, wenn der *invisibobble* nicht komplett aus dem US-amerikanischen Einzelhandel verschwinden sollte.

Tagelang gingen E-Mails, Textnachrichten und Anrufe zwischen mir, den Jungs, den Einzelhändlern und den Anwälten des Kerls hin und her. Er hatte ein juristisches Schlupfloch genutzt, doch auf keinen Fall wollte ich ihm Geld geben. Aber nachdem unsere Anwälte alles versucht hatten, ihn uns vom Hals zu schaffen, wurde mir klar: Wir würden ihn abfinden müssen. Statt am Heiligen Abend gemütlich mit meiner Familie beim Essen zu sitzen, hing ich bis 23 Uhr mit seinen Anwälten in den USA am Telefon. »Wir melden uns morgen bei Ihnen«, sagte mir ein Vertreter seines Juristenteams. Ich legte auf. Sie versuchten, das Ganze so schmerzhaft und unbequem wie möglich zu gestalten. *Morgen war Weihnachten! Wie konnten sie es wagen?*

Der erste Feiertag kam und ging, und wegen der achtstündigen Zeitverschiebung klingelte mein Telefon erst nach dem Mittagessen. Sie waren endlich bereit, das Angebot anzunehmen. Wir hatten es geschafft, den Kerl auf Nimmerwiedersehen in das Pestloch zurückzutreiben, aus dem er gekrochen war. Und konnten aus auf die schönen Dinge konzentrieren: den Aufbau unserer Marke. Ich feierte mit einem Wodka Tonic, doch diese Episode meines Unternehmerinnendaseins war sicherlich eine der schlimmsten.

Wer einen *invisibobble* anschaut, ahnt gar nicht, wie viel Liebe und Leidenschaft in so ein niedliches kleines Haargummi einfließt. Freunde mit normalen Jobs erzählen mir, sie hätten genug von ihrer Arbeit und würden mich beneiden, weil ich meine eigene Chefin sei. Sie würden auch mal gern Urlaub nehmen, wann immer ihnen danach sei, zur Arbeit kommen, wann sie wollten, und sich unangekündigt freinehmen und ihr Leben genießen können. Das habe ich schon so oft gehört – und ich glaube nicht, dass irgendjemand wirklich weiß, was es bedeutet, ein eigenes Unternehmen zu gründen und zum Erfolg zu führen.

Mir kommt es manchmal so vor, als würden die Leute glauben, sich selbstständig machen sei wie Kuchenbacken: Man überlegt sich, was das für ein Kuchen werden soll, sucht sich die besten Zutaten zusammen und rührt sie vor dem Backen gründlich durch. Dann setzt man sich hin und dreht Däumchen, während der Kuchen im Ofen hochbackt. Danach verziert man ihn noch schön, schneidet ihn an und verteilt die Stücke an die Leute, die sie sich schmecken lassen können. Als Sahnehäubchen macht man dabei auch noch ordentlich Gewinn. Und – Überraschung! – natürlich backen sich alle weiteren Kuchen wie von selbst, und man sitzt nur dabei und sieht zu, wie bis ans Ende aller Tage das Geld hereinfließt.

In Wirklichkeit sieht das aber so aus:

Schritt 1:	Man beschließt, einen neuartigen Kuchen zu backen.
Schritt 2:	Man versucht, sich nicht davon beeindrucken zu lassen, wenn andere sagen, das sei eine ganz schlechte Idee und das neue Kuchenrezept höre sich widerwärtig an.
Schritt 3:	Man macht sich trotzdem an die Arbeit und versucht, die Zutaten aufzutreiben.
Schritt 4:	Sechs Wochen später kommen die Zutaten, sind aber ganz anders als bestellt.
Schritt 5:	Man backt den Kuchen in einem zweitklassigen Ofen nach einem Rezept in einer fremden Sprache.
Schritt 6:	Man schaut bis 1 Uhr früh zu, wie der Kuchen backt, und versucht, dabei nicht auszuflippen.
Schritt 7:	Noch bevor der Kuchen fertig ist, muss man versuchen, den Leuten aus Schritt 2 Stücke davon zu verkaufen, und sie ihnen schmackhaft machen. Doch sie verziehen das Gesicht und sind nicht überzeugt.

Schritt 8:	Man muss um 4 Uhr früh aufstehen, um den Kuchen aus dem Rohr zu holen und abkühlen zu lassen. Er ist windschief, hat eine seltsame Farbe und riecht komisch – aber er hat Potenzial.
Schritt 9:	Alles ab Schritt drei wiederholen, bis der Kuchen perfekt ist.

Und das ist wohlgemerkt die vereinfachte Version. Ich hätte auch noch dazuschreiben können:

Schritt 10:	Der Ofen explodiert und ruiniert die Küche. Es dauert Wochen, einen neuen Ofen zu beschaffen. Der Verlust geht in die Zigtausende.
Schritt 11:	Du merkst, dass andere deine Kuchenidee geklaut haben, und musst viel Zeit und Geld aufwenden, um ihre Rezepte aus dem Verkehr zu ziehen.
Schritt 12:	Du verklagst den Zutatenlieferanten, weil er dich abzockt. Millionenverlust.
Schritt 13:	Den ersten Kunden schmeckt der Kuchen. Trotzdem meckern sie ständig: Sie wollen nicht so viel dafür bezahlen, sie wünschen sich individuelle Geschmacksrichtungen, es gefällt ihnen nicht, dass du den Kuchen auch an andere verkaufst. Im Grunde wollen sie den Kuchen essen und ihn behalten.
Schritt 14:	Den Rest deines Lebens verbringst du damit, das Rezept zu verfeinern, den idealen Ofen zu finden, die Beziehungen zu den Kuchenverkäufern zu pflegen, dir neue Geschmacksvarianten auszudenken, die Backzeit zu optimieren, neue Verzierungen auszuprobieren und aufzupassen, dass keiner deine Kuchen nachmacht. Vor allem aber musst du dafür

sorgen, dass deine Kuchen ständig weitergebacken, verziert, verkauft und gegessen werden – und zwar mit so viele Liebe wie eh und je. Und das geht immer so weiter – bis zum Erbrechen.

Versteht mich jetzt bitte nicht falsch – ich liebe *invisibobble,* und ich bin gern Unternehmerin. Doch wer sich selbstständig machen will, muss wissen, worauf er sich einlässt. Es ist nicht wie Kuchenbacken. Es ist eher wie Kinderkriegen – und das Kind geht IMMER vor. Das gilt vor allem in den ersten Jahren, wenn das Unternehmen und seine Produkte viel Liebe und Zuwendung brauchen, bis sie laufen lernen. Manchmal muss man aber auch Höllenfahrten ans Ende der Welt machen, wo einem Würmer vorgesetzt werden, oder um 4 Uhr früh aufstehen oder bis 4 Uhr früh aufbleiben, um geschäftlich gerade noch einmal die Kurve zu kriegen.

Der Jetlag zehrt, und ständig unterwegs zu sein, ist schlecht für zwischenmenschliche Beziehungen. Ein eigenes Unternehmen zu führen, heißt, dass Partner, Familie und Freunde immer an zweiter Stelle stehen. Für mich ist das okay, denn *invisibobble* gibt meinem Leben einen Sinn und motiviert mich, weiterzumachen. Deshalb sind wir da. Und natürlich läuft es auch manchmal richtig gut – aber in 80 Prozent meiner Zeit muss ich mich tatsächlich mit Bullshit und noch mehr Bullshit herumschlagen.

Man braucht schon sehr viel Liebe und Hingabe, um all die Konflikte, Brände, falschen Fabriken und sonstigen GAUs zu überstehen, denen wir ständig ausgesetzt sind. Und das Weihnachtsfest mit dem Patenträuber war definitiv eine der Phasen, in denen meine Angstkurve wieder mal kräftig nach oben ausschlug. Ich kratzte eine ganze Weile an der Grenze meiner Belastbarkeit, bis diese Spitze überwunden war.

22.

Vom Bastelkind zum richtigen Erfinder

Was ich gelernt habe:

- Wer keine Exitstrategie verfolgt, kann ans langfristige Wohl der Marke denken.
- Sechs Jahre ohne neues Produkt sind viel zu lang.
- Die Waver-Haarspange lässt sich durchaus innovativ verpacken.

2016 landeten Felix und ich auf der *Forbes*-Liste für Unternehmer unter 30 im Einzelhandel und E-Commerce für Europa. *Forbes* ist ein namhaftes amerikanisches Wirtschaftsmagazin und gibt jedes Jahr verschiedene Ranking-Listen für alles Mögliche heraus, von den reichsten Menschen der Welt bis zu den wertvollsten Fußballmannschaften. Seine Journalisten arbeiten für das Ranking der 30 europäischen Unternehmer unter 30 lange Nominierungslisten ab und ziehen Experten zurate, um eine Gruppe junger Menschen vorzustellen, die dem Kontinent neue Ideen bescheren. Ein Platz auf dieser Liste ist eine große Auszeichnung. Er trug uns Einladungen zu exklusiven Veranstaltungen ein, auf denen wir andere Jungunternehmer kennenlernten, und schärfte gleichzeitig das Profil von *invisibobble*.

Trafen wir andere Gründer, die es ebenfalls auf die *Forbes*-Liste geschafft hatten, lief das Gespräch mit ihnen oft nach folgendem Schema ab:

»Wo habt ihr euer Kapital her?«

»Wir haben uns selbst finanziert«, sagten Felix oder ich dann.

»Wie das?«

»Na ja, wir hatten ein paar Winter als Skilehrer gearbeitet und zusammen knapp 4000 Euro angespart, die wir in die Produktion gesteckt haben.«

»Und wie habt ihr für Wachstum gesorgt?«

»Wir haben von Anfang an Gewinn gemacht, und den Gewinn haben wir reinvestiert.«

»Wie sieht denn eure Exitstrategie aus?«

»Wir haben keine.«

»Oh.«

Eine Menge Gründer – vor allem bei Tech-Start-ups – sind total besessen von der Höhe des eingeworbenen Investitionskapitals und von der Frage, von wem dieses Geld kommt. Doch wer sich Investoren ins Boot holt, beteiligt andere am Eigenkapital und ist diesen Investoren gegenüber in gewissem Umfang rechenschaftspflichtig. Für Unternehmen, die auf die Fachkenntnisse des Investors angewiesen sind, mag das funktionieren. Doch wir wollten von Anfang an lieber auf eigenen Füßen stehen und auf die harte Tour lernen.

Viele Unternehmer sind auch total auf ihre Exitstrategien fokussiert – will heißen, sie haben sich genau überlegt, wann sie ihr Unternehmen verkaufen wollen. Ihnen geht es entweder um einen fetten Batzen Geld, mit dem sie sich dann dem nächsten Projekt zuwenden können, oder aber sie vereinbaren mit dem Investor oder Käufer, noch eine Zeit lang als CEO an Bord zu bleiben. Wenn alles gut läuft, machen sie dann später Kasse und ziehen weiter. Wer ständig seine Exitstrategie im Hinterkopf hat, der ist natürlich daran interessiert, den Wert seines Unternehmens möglichst in die Höhe zu treiben.

Das wirkt sich unter anderem auch auf das Marketing aus, denn man gerät leicht in Versuchung, viel Geld für groß angelegte Werbe- oder Rabattaktionen auszugeben, die zwar kurzfristig für mehr Umsatz sorgen, doch der Gesundheit und Rentabilität der Marke auf lange Sicht eher schaden. Oder man legt vielleicht schnell neue Produkte auf, um Kaufinteressenten zu zeigen, dass man mit einer großen Auswahl aufwarten kann.

Da wir *invisibobble* nicht verkaufen wollen, können wir längerfristig denken und müssen keine Entscheidungen treffen, die sich nur daran orientieren, wie viel sie kurzfristig einbringen.

2016 hatten wir insgesamt 36 Millionen *invisibobbles* verkauft. Wir vertrieben unsere Produkte in 70 Ländern weltweit und über ein paar Einzelhändler und Tausende Filialen in den Vereinigten Staaten. Und das alles nur mit spiraligen Haargummis. Es lief ziemlich gut für uns, und der Platz auf der *Forbes*-Liste war eine unglaubliche Ehre, doch dass wir bisher Umsatzerfolge erzielt und Schlagzeilen gemacht hatten, hieß nicht, dass wir es nicht noch weiterbringen konnten. Bis dato hatten wir noch gar keine ganz neuen Produkte entwickelt. Und dass wir ohne diese so weit gekommen waren, war ein ziemlicher Glücksfall.

Ordentlich durchorganisiert haben wir unser Unternehmen erst Ende – oder Mitte – 2016, als wir einen Interims-Finanzleiter einstellten, der uns bei unseren Wachstumsprognosen und bei der Budgetierung unterstützen sollte. Bis dahin hatten wir das ein bisschen so betrieben wie Schulkinder, die im Kunstunterricht eine Collage basteln – hier ein bisschen Glitzer, da ein bisschen hübscher Stoff, und dann guckt man von Weitem drauf und sagt: »Oh ja, so sieht das ganz nett aus.« Unsere Buchhaltung hatten wir an ein externes Steuerbüro ausgelagert, und wir wussten, dass wir schwarze Zahlen schrieben. Doch irgendwann kommt der Punkt, an dem man Entscheidungen auf Fakten und Zahlen stützen muss. Wir mussten uns mit unserem Machwerk also von der Kinderbastelei verabschieden und zumindest das Niveau der Abschlussarbeit eines Kunststudenten erreichen. (Für eine namhafte Galerie reicht es meines Erachtens keinesfalls – noch nicht.)

Wie eine ausgewachsene Unternehmerin kam ich mir das erste Mal vor, als wir 2017 in ein neues, viel größeres Büro umzogen. Aus unserem ersten Büro neben dem Nachtclub waren wir längst herausgewachsen – so sehr, dass wir Leute an provisorischen Schreibtischen in den Flur setzen mussten. Ganz davon abgesehen, dass Nikis flatulierende französische Bulldogge ständig im Büro herumrannte. Wir brauchten unbedingt mehr Platz – vor allem für den Hund, damit sich der Furzgestank nicht so konzentrierte. Wir zogen – innerhalb Münchens – in zwei Stockwerke eines neuen Bürogebäudes um und trennten die Teams nach Abteilungen in Marketing, Forschung und Entwicklung,

Finanzen und Personalwesen. Die Gesellschafter von New Flag und *invisibobble,* nämlich Felix, Dani, Niki und ich, konnten in einem großen Raum zusammensitzen und uns ganz auf unsere *invisibobble*-Ziele konzentrieren: nämlich zu *der* tonangebenden Haarschmuckmarke der Welt zu avancieren.

Ungefähr um diese Zeit machte ich mir auch erstmals Gedanken um meine eigene Funktion. Ich war Mitgründerin von *invisibobble,* aber war ich auch CEO?

Ich googelte: »Was macht ein CEO?«

Googles Antwort:

Ein Chief Executive Officer (CEO) ist die höchstrangige Führungskraft in einem Unternehmen. Zu seinen wichtigsten Aufgaben gehören maßgebliche geschäftliche Entscheidungen, die Leitung des Gesamtbetriebs und die Verwaltung der Ressourcen eines Unternehmens, die Funktion als Hauptschnittstelle zwischen dem Verwaltungsrat (oder Vorstand) und dem operativen Geschäft. Er ist das öffentliche Gesicht des Unternehmens.

Hmmm. Das entsprach nicht so ganz meiner Rolle bei *invisibobble,* und dazu hatte ich auch keine Lust. Ich kann ganz gut Entscheidungen treffen, aber die Geschäfte führen? Ich denke gern in größeren Dimensionen, entwickle Ideen und spinne die Geschichte des *invisibobble* weiter. Doch eine Gründerin ist auf dem klassischen Organigramm eines Unternehmens nicht vorgesehen. Ihre Funktion ist schwebend. Das bedeutet, dass viele Unternehmen auch ohne auskommen.

Doch ein Unternehmen, das nur einen CEO hat, aber keinen Gründer, verliert manchmal sein Feuer, seinen Zauber und den eigentlichen Charakter des Geschäfts oder Produkts, der es ausmacht.

Also googelte ich: »Was macht ein Gründer?«

Die Antworten reichten von:

Das englische Wort für Gründer (founder) bedeutet Gießer, und wie der Gießer Metall formt, so formt der Gründer ein neues Unternehmen.

Bis zu:

Ein Gründer muss in erster Linie Künstler sein.

Wie ich es sehe, bewege ich mich irgendwo dazwischen. Für mich ist meine wichtigste Aufgabe, dass es der Marke *invisibobble* gut geht. Diese Marke ist fast so etwas wie mein Baby. Ich will sie nicht nur gut versorgt wissen, sondern möchte, dass sie glücklich ist. Wo steht sie heute, und wo will sie morgen sein? In welchen Kontext sollen wir sie stellen? Mir geht es nicht nur um den Unternehmenserfolg, sondern auch um die Frage, wie der Verbraucher *invisibobble* wahrnimmt. Ich möchte Menschen im Unternehmen haben, die meine Überzeugungen teilen. Ist das der Fall, lassen sie sich mitreißen und haben bei der Arbeit immer auch die Interessen der Marke im Auge. Produkte und Strukturen sind real, doch eine Marke ist eher wie ein schwer definierbares Gefühl. Man kann sie nicht anfassen oder sehen, doch man kann daran glauben. Glaubt man nicht daran, existiert sie nicht.

Wenn man sich als Haarschmuckmarke etablieren möchte, braucht man aber mehr als eine Produktgattung. Also begannen wir 2017, an unserem ersten richtigen neuen Produkt zu arbeiten – für ein junges Unternehmen, das wachsen möchte, enorm spät. Ein Glück für uns, dass in der Zwischenzeit nicht irgendein großes Unternehmen dazwischengegrätscht und die Haargummikategorie für sich beansprucht hatte. Nach unserem Besuch in der Haarklammerfabrik in China, wo wir die Massenproduktion mit eigenen Augen gesehen hatten, dachte ich, es wäre wirklich cool, die Haarspange irgendwie ganz neu zu erfinden – denn das hatte noch niemand ernsthaft versucht.

Wir mussten an unsere Haarspangen dieselben Kriterien anlegen wie an die *invisibobble*-Haargummis: Sie durften keinen Abdruck hinterlassen und auch keine Kopfschmerzen verursachen. Anders formuliert: Unsere Haarspangen würden die Haare schonen.

Ziemlich früh kristallisierte sich heraus, dass unsere neue Haarspange aus einem Stück Kunststoff bestehen musste, damit sie sich nicht im Haar verfangen konnte. Und sie durfte sich nicht verformen wie die Metallklammern. Zur Unterstützung hatten wir eigens einen Designer eingestellt. Mit diesem und natürlich mit dem Forschungs- und Entwicklungs- und dem Marketingteam arbeitete ich zusammen, um zu klären, was uns vorschwebte.

Bei der Entwicklung unserer Haarspange – des Waver – ging es viel mehr ums Bauchgefühl als um Zahlen. Wenn du den Begriff »Haarspange« googelst, wirst du sehen, dass die meisten Haarspangen aus einer von vier oder fünf verschiedenen Unterkonstruktionen aus Metall bestehen, die unterschiedlich verziert sind – oder es sind Plastikclips, die klauenartig ins Haar greifen. Transparente Haarspangen gibt es praktisch keine.

Es war ganz lustig, das alles einem männlichen Produktdesigner mit kurzen Haaren zu verklickern. Vieles musste ich ihm selbst demonstrieren. Es war ein bisschen so wie damals, im Dezember 2011, als ich mir das Telefonkabel ins Haar gebunden und dann mit Headbanging, Kopfschütteln und Schaukelbewegungen versucht hatte, wie gut es hielt – nur diesmal mit Haarklammern aus Metall. Ich klipste mir eine mit einem vernehmlichen »Autsch« (die Dinger können ziemlich brutal sein!) ins Haar und ließ den Designer dann versuchen, sie herauszunehmen und jemand anderem ins Haar zu klemmen.

Tagelang liefen mehrere Frauen und auch ein paar Männer mit verschiedenen Metallspangen im Haar herum, um zu prüfen, ob sie Abdrücke hinterließen. Unser Büro verwandelte sich damals vorübergehend in eine Art Haarspangenmuseum.

Außer unserem eigenen Designer verfügen wir aber auch über jede Menge Technik in unserer neuen Produktentwicklungsabteilung. Da gibt es zum Beispiel ein Virtual-Reality-Set, das wir verwenden können, um uns einen Eindruck davon zu verschaffen, wie sich der Waver und andere neue Produkte im Haar machen, einen Werkbereich, in dem wir Modelle herstellen können, und einen 3-D-Drucker für Prototypen.

Herkömmliche Haarspangen halten die Haare durch den Druck, der von beiden Seiten der Klammer ausgeübt wird. Wir wussten daher von vornherein, dass das für uns nicht infrage kam. Damit unsere neue Haarspange keinen Abdruck im Haar hinterließ, würde sie wohl insofern ähnlich beschaffen sein müssen wie unsere Haargummis, als dass der Druck gleichmäßig auf das Haar verteilt werden musste – so viel war uns klar. Auf dieser Grundlage entwickelten wir den Waver. Er hat eine Seite mit einer 3-D-Helix, wie man sie aus DNA-Modellen kennt. So sitzt er fest im Haar, ohne sich einzudrücken. Die Gegenseite ist leicht gekrümmt und passt sich dadurch der Kopfform der Trägerin an. Am oberen Ende wird der Waver ins untere eingehakt, um ihn zu schließen – ganz ohne Scharniere oder Metallteile. Er ist vollkommen glatt, weil er aus einem Stück Plastik besteht. Das wiederum bedeutet, er kann in Form gegossen und somit komplett maschinell hergestellt werden, ohne jede Handarbeit. Aus diesem Grund ist es für uns kosteneffektiv, den Waver in Europa fertigen zu lassen.

Weil er in Europa produziert wird, mussten wir noch eine Möglichkeit finden, ihn bezahlbar zu verpacken – denn die Verpackung ist ein manueller Arbeitsschritt.

Wir prüften verschiedene Optionen, bei denen die Arbeiter fair bezahlt würden, ohne den Kostenrahmen zu sprengen. Diese beiden Voraussetzungen gleichzeitig zu erfüllen, war gar nicht so einfach. Doch dann kamen wir auf Strafvollzugsanstalten. In den meisten Regionen Deutschlands wird von Häftlingen erwartet, dass sie einer Arbeit nachgehen. Dafür werden sie bezahlt. Die verschiedenen Anstalten bieten unterschiedliche Leistungen an, und die Verpackung des Waver passte landesweit gleich bei mehreren ins Konzept. Die Häftlinge können sogar befördert werden und dürfen das verdiente Geld für Sonderwünsche wie Zigaretten oder Kaffee ausgeben. Gewöhnlich stellt die Arbeit eine Initiative zur Wiedereingliederung in die Gesellschaft nach der Haftentlassung dar. Ich glaube, die Gründe, warum jemand hinter Gittern landet, sind komplex. Es ist nachgewiesen, dass sich Menschen, die im Gefängnis einer geregelten Arbeit nachgehen, nach ihrer Entlassung wieder leichter in die Gemeinschaft integrieren.

Die Zusammenarbeit mit einer Haftanstalt ist aber nicht immer einfach. Wir haben uns das wirklich gründlich überlegt. Bei einem Ortstermin fiel mir auf, dass ein Inhaftierter aus Peru stammte. Ich sprach ihn auf Spanisch an, wurde aber von dem Vollzugsbeamten schnell weggezogen. Ich lernte, dass es am besten war, sich gar nicht in die Arbeit einzumischen. Der Waver war die größte Neuheit, die wir seit dem *invisibobble* Original-Haargummi auf den Markt gebracht hatten. Von der Idee bis zum fertigen Produkt dauerte das 18 Monate. Ein eigenes Design-Team ist in unserer Branche eher ungewöhnlich, doch für uns sinnvoll, da wir dadurch schnell sind. Wir können inzwischen viel schneller neue Produkte entwickeln, doch weil der Waver die erste ganz neue Erfindung seit unseren spiraligen Haargummis war, brauchten wir eine Weile, bis alles stimmte. Der Name war schnell gefunden, weil er so wellig aussieht.

Unser internes Vertriebsteam stellte die bescheidene Prognose, dass wir in den ersten drei Monaten rund 20 000 Packungen mit je drei Wavers verkaufen würden. Das ist nicht viel, denn unsere Produkte werden in 80 000 Geschäften weltweit vertrieben. Dennoch gingen wir ein Risiko ein und orderten rund 300 000 Packs, die gewöhnlich im Laden innerhalb von drei Monaten abgesetzt wurden.

Schon nach zwei Wochen waren die 300 000 Waver-Packungen ausverkauft. Den Kunden gefiel der Waver genau aus den Gründen, auf die wir gehofft hatten: Er sah ganz anders aus als herkömmliche Haarspangen, war benutzerfreundlich und schonte das Haar.

Dass sich der Waver so gut verkaufte, war toll, bedeutete aber, dass uns der Nachschub ausging, noch bevor der nächste Produktionslauf begonnen hatte. Es dauerte Monate, bis wir die Geschäfte wieder mit

Wavern beliefern konnten. Prompt ergab sich das nächste Problem: Reklamationen von Kunden, weil die Waver brachen.

Wir erhielten Mitteilungen über die sozialen Medien und E-Mails an unsere Hauptverwaltung, und die Leute brachten die kaputten Waver in die Läden zurück, sodass uns auch die Einzelhändler auf die Pelle rückten. Wir merkten: Das Problem lag am Ende des Wavers – an der Stelle, an der die beiden Seiten zusammengehakt wurden.

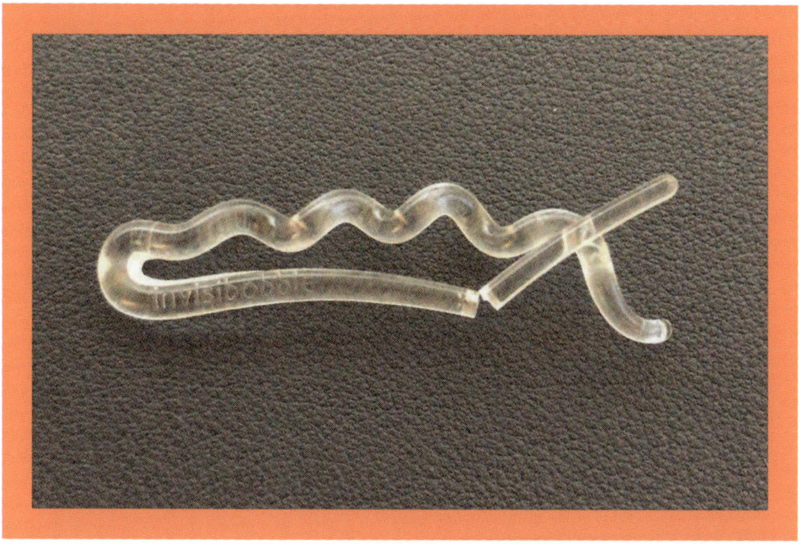

Wir verwendeten zwar extrem belastbares Polycarbonat, doch durch die Wellenform wurde das Material geschwächt. Wir konnten das Problem innerhalb von wenigen Wochen beheben, indem wir die Materialzusammensetzung leicht veränderten, doch natürlich ging uns dadurch Umsatz verloren. Sobald wir auf YouTube oder Facebook auf einen Kommentar über einen zerbrochenen Waver stießen, schrieben wir zurück, dass wir unser neu eingeführtes Produkt zwar toll fanden, aber gemerkt hätten, dass es Probleme gab. Diese seien jedoch inzwischen gelöst. Wir waren schließlich nicht das einzige Unternehmen, das ein Produkt auf den Markt gebracht hatte, das noch nicht ganz optimal war, und hofften, man würde uns den inzwischen ausgebügelten Fehler verzeihen und noch eine Chance geben.

Wir hätten das vermeiden können. Wir hätten in ein oder zwei Ländern einen Testlauf starten können, um zu prüfen, wie sich der Waver verkaufte, und dann erst größere Mengen bestellen können. Doch wir hatten mit unserer ersten Innovation weltweit von Anfang an eine große Wirkung erzielen wollen – und wir hatten gedacht, weil die Leute die *invisibobble*-Haargummis schon kannten, würden sie die Marke wiedererkennen und für unser neues Produkt bereit sein. So war es ja auch. Die Kunden waren bereit für den Waver – wir bekamen ihn nur nicht gleich auf Anhieb ganz richtig hin.

23.

Invis-a-booble. Imboba-vizzle. Invibi-sobble.

Was ich gelernt habe:

- Man sollte sich gut überlegen, ob man sich mit einem größeren Gegner anlegt.
- Ein verwirrender Markenname kann ein Vorteil sein.
- 08/15 ist nicht mein Ding.

Ein paar juristische Lektionen haben wir auf die harte Tour gelernt, und zwar auf die ganz harte. Sobald wir gemerkt hatten, dass sich die Spiralform unserer Haargummis tatsächlich patentieren ließ, meldeten wir die Form mancher unserer Produkte in bestimmten Teilen der Welt zum Patent an. Ein Beispiel dafür ist unsere kleine Nano-Serie.

Eines Freitagabends, als ich (wie so viele Menschen) durch die Gänge eines meiner bevorzugten deutschen Supermärkte schlenderte, fielen mir die niedlichen Würfelchen auf, die sich in einem der großen Körbe in Kassennähe stapelten. Als ich näher kam, sah ich zu meinem Entsetzen, dass es sich dabei um exakte Nachbildungen des Nano-*invisibobbles* handelte – eines Produkts, für das uns ein Patent erteilt worden war. Diesmal wurden wir nicht kalt erwischt. Wer auch immer uns das angetan hatte – wir konnten ihn VERNICHTEN.

Montagmorgen bat ich unseren Anwalt (den wir beschäftigten, seit die Kopien vor ein paar Jahren überhandgenommen hatten), eine Abmahnung an die Supermarktkette aufzusetzen, aus der hervorging, dass sie nachweislich Kopien UNSERER Produkte vertrieb und diese aus den Regalen nehmen musste.

Die Kette hat keine Zentraldistribution, also würde das Unternehmen die falschen Nanos aus jeder Filiale herausnehmen müssen, in der sie angeboten wurden – eine Heidenarbeit. Und der Laden hatte Tausende von Filialen. *Ja! Zieht euch warm an!*

Das Schreiben zeigte Wirkung. Die Produkte verschwanden aus dem Handel. Doch ich hatte mich zu früh gefreut. Mir war nicht klar gewesen, dass hinter der *invisibobble*-Kopie ein RIESIGER Konzern stand, der jede Menge Geld für Anwälte hatte.

Etwa eine Woche, nachdem wir unsere Abmahnung an die Supermarktkette verschickt hatten, setzte sich ein deutscher Premium-Einzelhändler mit uns in Verbindung, der *invisibobble* führte. Er teilte uns mit, er habe eine Abmahnung erhalten und sollte den Verkauf unserer

Produkte stoppen. Das Schreiben kam natürlich vom Unternehmen des Nano-Fälschers.

Wie wir feststellen mussten, hatte er unsere *invisibobble*-Verpackung von einem Team von Anwälten daraufhin prüfen lassen, ob sie auch in jeder Hinsicht gesetzeskonform war. Und die Anwälte hatten tatsächlich etwas gefunden, was sie gegen uns verwenden konnten. »Umweltfreundliche Farben« stand darauf, und zwar deshalb weil Mei (ihr erinnert euch?) uns zugesichert hatte, dass die verwendeten Farben umweltfreundlich seien. Tausendmal hatten wir sie um ein Zertifikat von der Fabrik gebeten, das dies nachweisen sollte, doch wie so vieles andere hatten wir es nie bekommen. Der Nano-Fälscher berief sich auf Wettbewerbsverzerrung, weil wir fälschlicherweise behaupteten, unsere Farben seien umweltfreundlich.

Unsere Naivität hatte uns im Geschäft mitunter Vorteile gebracht – weil wir die Spielregeln nicht kannten, hatten wir so manches auf unsere Art machen können –, doch diesmal kam uns unser Unwissen teuer zu stehen. Viele unserer europäischen Einzelhändler setzten sich mit uns in Verbindung, weil sie ähnliche Schreiben erhalten hatten, und wieder einmal verschwanden alle unsere Produkte von jetzt auf dann aus den Regalen – diesmal in Europa. Solche Angelegenheiten müssen schnell aus der Welt geschafft werden, andernfalls springen die Einzelhändler ab und beziehen sicherheitshalber in Zukunft gar nichts mehr.

Einer unserer ganz großen deutschen Einzelhändler erwies sich als äußerst hilfreich und verständnisvoll, doch eine der edleren Drogeriemarktketten verbannte uns rund zwei Monate lang aus den Regalen.

Für mich war das wieder mal eine ganz schlimme, nervenaufreibende Zeit. Wenn so etwas passiert, gerate ich auf der Angstkurve immer rasch in schwindelerregende Höhen, bis sich eine Lösung für das Problem abzeichnet. Dabei mache ich mir nicht nur um die Marke Gedanken, sondern auch um unsere Mitarbeiter und unsere laufenden Kosten wie die Miete. Es ist nicht so leicht, in der großen bösen Geschäftswelt als kleine Marke eines kleinen Unternehmens zu überleben.

Was wir aus der Erfahrung mit dem Nano-Fälscher lernten: Man sollte erst auf andere schießen, wenn man ganz sicher ist, dass man sich am Ende nicht selbst eine Kugel einfängt. Natürlich musste er die Kosten dafür tragen, seine Ware aus allen deutschen Supermärkten abzuziehen. Doch der Schaden, den er uns zufügte, war ungleich größer. Am Ende blieb uns nichts anderes übrig, als eine Vereinbarung zu unterzeichnen, die es ihm erlaubte, seine Produkte weiter zu vertreiben. Sonst hätte er immer wieder andere Wege gefunden, uns das Leben schwer zu machen.

Inzwischen liegen uns seitenlange Dokumente vor, die alles, was wir über unsere Produkte und Alleinstellungsmerkmale aussagen, juristisch hieb- und stichfest machen. Doch es kostete eine Menge Zeit (und viel Geld), bis das alles passte. Leider haben manche meiner Erfahrungen aus dem Geschäftsleben mein Vertrauen in meine Mitmenschen erschüttert. Ich rechne inzwischen immer damit, dass andere böse Absichten haben könnten. Ich will das nicht, aber ich habe mir zu oft die Finger verbrannt und bin deshalb heute viel vorsichtiger.

So ein Unternehmerdasein hört sich manchmal märchenhaft an. In Wirklichkeit ist es alles andere als das. Man muss sich mit so viel Mist herumschlagen – immer wieder, und darf nie aufgeben. Noch einmal: Es ist nicht so, dass man ein Unternehmen gründet und sich dann bequem zurücklehnen kann. Man gründet ein Unternehmen und arbeitet wie verrückt. Man macht keinen Urlaub, und wenn doch, muss man ihn manchmal abbrechen, weil die Arbeit ruft – vor allem am Anfang, wenn man noch keine Mitarbeiter hat. Eine Menge Gründer kommen gerade so über die Runden, insbesondere in der ersten Zeit, weil sie einfach ALLES in ihr Unternehmen stecken.

Ende 2017 wurden *invisibobbles* an 50 000 Standorten weltweit verkauft. Es ging uns also nicht schlecht. Natürlich hätten wir es damit gut sein lassen können. Doch unter Unternehmern gibt es da so ein geflügeltes Wort. Das lautet »konstruktive Unzufriedenheit« und heißt: So weit wir auch kommen, langfristig sind wir nie zufrieden, denn es könnte jederzeit der nächste große Wurf, die nächste Produktentwicklung anstehen. Sobald wir mit einem Einzelhändler einen Vertrag über eine halbe Million Dollar unterschreiben, konzentrieren wir uns schon auf den nächsten. Deshalb ist die Unzufriedenheit konstruktiv – denn sie verhilft uns zu Wachstum. Wir hätten sagen können »Okay, es reicht«, als wir 22 waren und das Geschäft leidlich gut lief. Doch wie Niki sagt: Selbstgefälligkeit ist der Tod des Erfolgs. Sobald du dir selbst für eine Leistung auf die Schulter klopfst, stehen schon zehn andere hinter dir und wollen sie dir streitig machen.

Niki fügt in jede Präsentation für Unternehmenssitzungen immer eine Folie ein, die den olympischen Schwimmer Michael Phelps auf dem Startblock zeigt – Sekunden vor einem Wettbewerb. Er ist ganz auf sich konzentriert und erobert sich mental das Becken, in das er gleich springen wird. Was ich damit sagen will: Wir konzentrieren uns ebenfalls möglichst auf uns, ohne allzu sehr nach links oder nach rechts zu schielen, was die Konkurrenz so treibt. Schweift der Blick ab, gerät man leicht ins Stolpern. Man darf auch nicht mit Scheuklappen unterwegs sein und den Markt ganz aus dem Blickfeld verlieren, doch wenn man ständig darauf schaut, was andere machen, und versucht, es ihnen nachzutun, wird man es nie schaffen.

Für mich haben die Menschen, die unsere Produkte kopiert haben, nicht gesiegt. Das ist ein bisschen wie mit dem Smartphone. Bevor es erfunden war, wusste keiner, dass er eins brauchte – doch es ist ein unglaublicher Erfolg. So ähnlich war das mit Haarklammern und Spangen. Jeder glaubte, die Welt sei in Ordnung so, bis wir allen zeigten, dass es auch anders und besser ging.

Bis Ende 2017 verließen wir uns ganz auf gute PR, um unseren Namen und unsere Produkte bekannt zu machen. Absolut entscheidend waren natürlich auch die richtigen Vertriebsstrukturen. Doch bis Ende 2017 hatten wir bei *invisibobble* noch keinen Cent für Werbung ausgegeben. Nun hatten wir jedoch das Gefühl, wir sollten in Amerika mehr Profil zeigen. Unser Vertrieb war nicht das Problem. Wir befürchteten, die Einzelhändler würden unter ihren Eigenmarken Versionen unserer Produkte herstellen lassen, und wir mussten den Kunden begreiflich machen, dass der *invisibobble* das Original ist (und natürlich auch das bessere Produkt).

Also beauftragten wir in New York eine Werbeagentur, und ich flog mit Lisa hin, um die Vorgespräche zu führen. (Am Ende flog ich für nur 18 Stunden von München nach New York, weil der Flug so viel Verspätung hatte.) Der Termin lief gut, und ich erklärte lang und breit, wie ich mit Felix zusammen *invisibobble* gegründet hatte und wie wir in Europa und in den USA ein bestimmtes Distributionsniveau erreicht hatten und jetzt wollten, dass die Verbraucher mehr über uns erfuhren. Wir schilderten die Vorzüge des Produkts, doch sie sollten nicht im Mittelpunkt der Werbeaktion stehen, denn schließlich konnten die Kunden am Regal im Supermarkt auch nach spiraligen Haargummis der Eigenmarke des Händlers greifen. Andere Unternehmen können zwar unser Produkt kopieren, und das haben sie auch getan, doch unseren Namen dürfen sie nicht verwenden.

Etwa ein Jahr nach der Gründung unseres Unternehmens merkten wir, dass die Leute mit dem Namen »*invisibobble*« nicht viel anfangen konnten. Zwischendurch dachten wir sogar, wir müssten uns etwas anderes einfallen lassen. Wir schlossen uns drei Tage lang in einem Zimmer ein und dachten über Alternativen nach. Doch wir hatten keine zündende Idee, deshalb blieben wir bei *invisibobble*.

Ein häufiger Fehler ist, eine Marke nach dem Alleinstellungsmerkmal eines Produkts zu nennen. »*invisibobble*« steht aber dafür, dass unsere Haargummis keine Abdrücke hinterlassen – zumindest bedeutet das die »Invisible«-Komponente. Tatsächlich hätte dieser Name uns aber bei der Einführung weiterer Produkte hinderlich sein können, denn eine Haarspange ist eigentlich kein »Bobble«.

Eine Zeit lang dachten wir daran, einfach »invisi« vor die Bezeichnungen für andere Arten von Haaraccessoires zu setzen – aus dem Waver hätte beispielsweise der »invisiclip« werden können. Wir besprachen das ausführlich, beschlossen aber, dass *invisibobble* sozusagen die Mastermarke bleiben sollte, unter der unsere Produktnamen angesiedelt würden – wie Waver, Bunstar und Sprunchie – ein Scrunchie mit integriertem Invisibobble. Der Fachbegriff dafür ist »Markenarchitektur«, doch als wir unser Unternehmen gründeten, wussten wir davon natürlich nichts.

Erfahrene Marketingfachleute eines großen Unternehmens hätten vermutlich die gesamte Produktpalette schon von Tag eins an systematisch aufgebaut – mit bereits vorhandener Markenarchitektur. Ich bin aber nicht sicher, ob das bei uns funktioniert hätte. Hätten wir neben dem spiraligen Haargummi gleich noch eine Plastikhaarklammer und ein neuartiges Scrunchie präsentiert, die der Einzelhandelskunde so noch nie gesehen hatte, hätten sich die Einkäufer unser Angebot vermutlich angesehen und abgelehnt, weil alle unsere Produkte wirklich eigenartig und ganz anders waren als anderer Haarschmuck. Nach dem Motto: danke, aber nein danke.

Wie dem auch sei, jedenfalls hatten die Leute von Anfang Probleme damit, den Markennamen »*invisibobble*« auszusprechen und sich zu merken. Ich würde sogar sagen, dass dies unser größtes Einzelproblem bei der Markenentwicklung war. An die spiraligen Haargummis als Produkt erinnerten sich die Leute, doch an den Markennamen *invisibobble* nicht so gut – und auch nicht daran, dass wir den Original-Haargummi herstellen, der keine Abdrücke hinterlässt.

Am Ende unseres Gesprächs mit der Werbeagentur ging ich auf den Namen ein und erklärte, dass ich nie gedacht hätte, die Fügung aus

»invisi« und »bobble« könne problematisch sein. Ich hatte das sogar für eine fantastische Idee gehalten, doch offensichtlich war er so ungefähr das Schwierigste auf Erden.

Etwa eine Woche später legte uns die Agentur Ideen zu drei verschiedenen Kampagnen vor. An die ersten beiden erinnere ich mich gar nicht mehr, doch bei der dritten musste ich laut lachen. Auf dem Bildschirm erschien ein Wort:

Invis-a-booble.

Auf der nächsten Folie stand:

Imboba-vizzle.

Und auf der letzten schließlich:

Invibi-sobble.

Die ganze Aktion stützte sich auf den Umstand, dass keiner »*invisibobble*« richtig aussprechen konnte. Der Vorschlag war, einen Spot im Stil einer Werbung für teures Parfum aufzunehmen. Drei verschiedene Darstellerinnen sollten jeweils ein Päckchen *invisibobbles* in der Hand halten und dabei mit ihrer schönsten Parfumstimme möglichst sexy »modisch«, »zuverlässig« und »verführerisch« hauchen. »*invisibobble*« würden sie aber falsch aussprechen, nämlich als »invis-a-booble«, »imboba-vizzle« beziehungsweise »invibi-sobble«. Dann sollte ein Regisseur den drei Damen beibringen, »*invisibobble*« zu sagen, was ihnen am Ende auch gelingen würde. Zum Schluss würde man eine Stimme sagen hören: »*invisibobble*. So einfach.« Ich war begeistert. Es ging nur um den Namen, und genau der war ja unser einziges großes markenpolitisches Problem. Und die Botschaft wurde auf sehr amüsante, doch ganz einfache Weise rübergebracht.

Die Kampagne kam aber nicht bei allen gut an.

Manche fanden sie furchtbar. Sie sei sexistisch oder anti-feministisch, weil der Regisseur in dem Spot ein Mann war, der den Frauen erklärte, wie *invisibobble* ausgesprochen werden muss. Dabei wurden die Frauen überhaupt nicht als Dummchen dargestellt. Außerdem handelte es sich dabei um eine Parodie auf eine Parfumwerbung, und dass sie den Produktnamen nicht aussprechen konnten, war nun mal die Pointe.

Andere fanden den Spot toll, weil wir ehrlich damit umgingen, dass die Leute den Namen falsch aussprachen. Sie posteten Kommentare auf Facebook und freuten sich, dass wir die Parfumwerbung aufs Korn genommen hatten, die sich viel zu ernst nahm. Und die Kritiker, die uns »Antifeminismus« vorwarfen? Die waren so empört, dass sie den Spot gleich mit zehn anderen auf den sozialen Medien teilten. Perfekt.

Manche Marken greifen im Marketing gern zu konventionellen Instrumenten. Für mich geht das gar nicht. Ich fand toll, dass der Spot polarisierte, denn das hieß, die Leute würden darüber reden. Ob er ihnen gefiel oder nicht – sie sprachen mit ihren Freunden darüber.

Der genaue Effekt einer Werbeaktion auf den Umsatz ist immer schwer messbar. Wir wussten aber, dass der Spot beliebt war. Das lässt sich an der Zahl der Menschen ablesen, die ihn sahen oder anklickten. Wir stellten ihn im Juni 2018 auf Facebook ein, und er erreichte weit höhere Werte als durchschnittliche Spots für Haar- und Schönheitsprodukte.

Ich hatte noch nie viel übrig für das Übliche, das Konventionelle oder alles »Mittelmäßige«. Wenn ich über mein Selbstbild nachdenke, glaube ich, ich habe Angst davor, nichts Besonderes zu sein. Eines meiner wichtigsten Ziele im Leben ist daran erkennbar, dass für mich die Frage »Wie stehe ich da?« vor allem bedeutet: »Ist das, was ich tue, nur Durchschnitt?« Durchschnittlich zu sein, wäre für mich der Inbegriff des Versagens. Wer durchschnittlich ist, geht in der Masse unter. Das ist wie mit Vanilleeis – jeder mag es, aber keiner kürt es zu seiner Lieblingssorte. Gäbe es Eis mit Sushi-Geschmack, wäre es definitiv in aller

Munde und würde im Gedächtnis bleiben, weil man es entweder lecker findet oder widerlich – nun, vermutlich eher Letzteres.

Ich glaube, das ist einer der Gründe, weshalb ich überhaupt auf die Idee zu einem spiraligen Haargummi kam und gleich so begeistert davon war. Es sah einfach so einzigartig aus. So gar nicht durchschnittlich.

24.

Ich will eine Wand, hihi!

Was ich gelernt habe:

- Marken + Amazon = Hassliebe
- Eine Shop-in-Shop-Wand kostet einen Haufen Geld, ist aber jeden Cent wert.
- Scheint so, als machten 15 Milligramm THC hiiiiigh.

Vom Onlinegeschäft habe ich bisher kaum gesprochen. Das liegt daran, dass wir das noch nicht sehr intensiv betreiben. 2012 machten wir über Shopify einen Onlineshop auf, schlossen ihn aber nach etwa einem Jahr wieder, weil der Vertrieb über Friseursalons und Einzelhändler in Fahrt kam. Ein eigener Onlineshop ist für uns (derzeit) unwirtschaftlich, denn die Lieferkosten, die wir aufschlagen müssten, entsprächen ungefähr dem Preis eines *invisibobble*-Dreierpacks.

Dann gibt es da natürlich noch den absoluten Onlinegiganten im Einzelhandel, den ich bislang nicht erwähnt habe und zu dem Marken in aller Regel eine Hassliebe pflegen:

Amazon.

Weil wir eine Marke sind, die keine eigenen Läden betreibt, sind wir darauf angewiesen, dass Einzelhändler die *invisibobbles* für uns an den Mann bringen. Wie ja bereits erläutert, ist das für uns mit JEDER MENGE Verhandlungen und Beziehungsaufbau, schlaflosen Nächten und Reisen um die ganze Welt verbunden. Sobald der Umsatz stagniert, müssen wir uns etwas einfallen lassen.

Einen Einzelhändler wie Amazon gibt es nur einmal. Er ist ungeheuer einflussreich, weil ihm so viele Informationen über das Kaufverhalten vorliegen. Er weiß daher ganz genau, was er verkaufen sollte – und zu welchem Preis. Und diese Informationen kann er nutzen, um Eigenmarken zu entwickeln – wie jeder klassische analoge Einzelhändler auch.

Bei Amazon herrscht außerdem ein knallharter Wettbewerb. Sucht man auf Amazon nach GHD (einer der bekanntesten Marken für Glätteisen, die es gibt), erscheinen ganz oben auf der Seite gesponserte Anzeigen für GHD-Glätteisen. Es folgt eine ganze Reihe weiterer gesponserter Anzeigen für Glätteisen anderer Marken. Als Nächstes kommen dann alle GHD-Produkte. Klickt man eines an, gelangt man zur Produktseite. Doch auf die Beschreibung der Glätteisen folgt eine Anzeige für eine andere, ähnliche Marke, die billiger ist. Amazon verdient also an jedem Schritt, indem es Anzeigen schaltet, die Kunden von deiner Marke weglocken können.

Und wenn man den eigenen Vertrieb nicht streng kontrolliert (so verkaufen Gap und Zara beispielsweise nur über ihre eigenen Shops, doch Adidas vertreibt seine Turnschuhe über unterschiedliche Kanäle), ist die Wahrscheinlichkeit groß, dass man über Wiederverkäufer doch auf Amazon landet (auf dem sogenannten »grauen Markt«).

Noch frustrierender wird das Ganze, weil Amazon (wie Google) Werbung auf der Grundlage von Stichwörtern verkauft. Tippt also jemand »spiraliges Haargummi« in Amazon ein, können auch andere Unternehmen auf diesen Suchbegriff bieten. Zahlen sie mehr als wir, werden ihre Haargummis bei den Suchergebnissen als gesponserte Anzeigen als Erste angezeigt. Dem Werbekunden wird berechnet, wenn ein Kunde auf seine Anzeige klickt. Je mehr Klicks, desto höher die Kosten.

Und wie für andere Einzelhändler gilt auch für Amazon: Erhält das Unternehmen ein Anwaltsschreiben oder einen Hinweis, dass online Produktkopien verkauft werden, stellen sie den Verkauf des betreffenden Produkts sofort ein. Gegen Ende 2018 kam ein anderes Haaraccessoire-Unternehmen mit einem alten Patent für ein Haargummi an, das dem *invisibobble* ein bisschen ähnlich sah. Die Firma schrieb Amazon an und behauptete, wir hätten dieses Patent verletzt. Deshalb stellte Amazon in seiner Weisheit den Onlineverkauf von *invisibobbles* ein.

Es ist sehr schwer, bei Amazon einen echten Menschen zu erreichen. Probleme mit Verkäufern werden dort meistenteils über ein Onlinesystem geklärt, und das kann ewig dauern. Ich wollte aber nicht nur erreichen, dass Amazon wieder *invisibobbles* verkaufte, sondern ich wollte auch unserem Mitbewerber ans Leder. Also tat ich das Undenkbare. Ich rief einfach einen Typen an, mit dem wir im Patentstreit gelegen hatten. Immer wieder wählte ich seine Nummer und hinterließ

Nachrichten, doch er rief nie zurück. Schließlich schickte ich ihm eine E-Mail.

Von: Mir
An: Patenttypen
Gesendet: 1. Dezember 2018, 9:01 Uhr
Betreff: Ist denn schon Weihnachten?

Sehr geehrter Patenttyp,

wissen Sie noch, wer ich bin? Sophie von invisibobble. Wir hatten einen Patentstreit, und Sie haben von mir ein dickes Weihnachtsgeschenk bekommen, damit wir wieder in Ruhe arbeiten können.

Habe ich jetzt Ihre geschätzte Aufmerksamkeit? Ich wollte Ihnen nur sagen, dass es da noch ein Haargummiunternehmen gibt, das auf Amazon verkauft. Die haben uns lahmgelegt mit der Behauptung, sie hätten da ein altes Patent, gegen das wir verstoßen.

Ob Sie mir wohl einen Gefallen tun könnten? Könnten Sie bitte das Unternehmen XXXX wegen Verstoßes gegen IHR Patent anzeigen?

Über so ein verfrühtes Weihnachtsgeschenk würde ich mich sehr freuen.

Mit freundlichen Grüßen

Sophie

Ich bekam darauf nie eine Antwort. Aber immerhin war das andere Haaraccessoire-Unternehmen plötzlich von Amazon verschwunden. Dann eskalierte die ganze Sache allerdings, weil unser Konkurrent den Patenttypen anzeigte, sodass am Ende überhaupt keine spiraligen Haargummis mehr auf Amazon erhältlich waren, und zwar pünktlich zum Weihnachtsgeschäft. Es dauerte Wochen, bis alles geklärt war – und sehr fröhlich war Weihnachten auf Amazon in jenem Jahr nicht.

2018 wurden wir ins Sortiment eines Spezialisten für Schönheitsprodukte in den USA aufgenommen, der ursprünglich Friseursalons beliefert hatte, jetzt aber im regulären Einzelhandel tätig war. Dass uns dies gelang, war zwar eine schöne Sache, doch das reichte mir noch nicht.

Ich wollte eine Wand.

Eine Wand bedeutet, dass wir in einem Laden eine eigene, nur für unsere Produkte bestimmte Ausstellungsfläche bekommen, mit unseren eigenen Markenzeichen und Farben – und natürlich nur für *invisibobble*. Eine gewöhnliche Haarschmuckabteilung in einem Kaufhaus sieht meist nach Billigheimer aus, denn übliche No-Name- oder Eigenmarkenhaargummis sind Kleinpreisartikel, von denen 50 Stück auf einmal an einen Pappdeckel getackert werden. So eine Shop-in-Shop-Wand ist für Haaraccessoires das Pendant zum High-End-Make-up-Stand einer Nobelmarke in einer Parfümerie.

Und weil wir die Kategorie der Haaraccessoires praktisch neu erfunden hatten – mit Produkten, die absolut einzigartig waren (weil sie nämlich keine Abdrücke im Haar hinterließen), und einer innovativen Verpackung –, wusste ich, dass wir auch so eine Wand ganz anders gestalten konnten.

Die besagte Ladenkette eignete sich ideal für *invisibobble*, denn dorthin gingen modebewusste junge Frauen, die Markenprodukte mochten und Wert auf ein besonderes Einkaufserlebnis legten. Sie hatte US-weit circa 1200 Filialen und galt als Trendsetter. In der Presse war sie sehr präsent, und das Ladenpersonal bestand überwiegend aus Haar- und Kosmetikjunkies, die voll hinter den verkauften Produkten standen.

Doch um mehr Fläche in einem Verkaufsraum wird hart verhandelt. Will einer mehr Platz für seine Marke, heißt das, dass Produkte anderer Hersteller zurückweichen müssen – und dieses Privileg lassen sich die Einzelhändler teuer bezahlen. Im Anschluss muss man dann neben den üblichen Kartons mit Produkten auch noch das Wanddisplay mit den bereits daran befestigten Produkten liefern und alles so sorgfältig verpacken, dass nichts beschädigt wird – was ganz schön ins Geld geht. Und weil Einzelhändler solche Shop-in-Shop-Wände als Werbeflächen betrachten, muss man auch dafür löhnen.

Obwohl wir so tief in die Tasche greifen mussten, war mir diese Wand einfach UNGEHEUER wichtig, denn zum ersten Mal »gehörte« uns damit praktisch ein Teil eines Ladens. Bei jeder Sitzung mit dem Vertriebsteam wollte ich wissen: »Was ist mit unserer Wand?« Darauf kamen mitunter vage Antworten wie: »Ach, für Haarschmuck kriegen wir keine Wand.« Doch schließlich sind wir notorische Grenzgänger, missachten gern mal die Spielregeln und – ganz klar – wir schießen auch oft aus der Hüfte. Daher ist »Das machen die nicht« für mich eine faule Ausrede. Für mich war so eine Wand in einer der prestigeträchtigsten Ladenketten für Schönheitsprodukte der Welt ein echtes Anliegen – gleichermaßen die Verwirklichung meiner Vision für *invisibobble*. Wir mussten etwa ein Jahr zäh verhandeln, bis man uns unsere Wand zugestand, und dann dauerte es weitere sechs Monate, bis sie entworfen, produziert und in die Filialen geliefert war.

Das Design war mir superwichtig, denn dadurch konnten wir zum ersten Mal im Geschäft richtig mit den Endverbrauchern kommunizieren. Ich kann den Leuten ja schlecht persönlich alles über *invisibobble* erzählen, aber wir können unsere Aufmachung und unsere Wand nutzen, um ihnen zu zeigen, dass wir anders sind. Unsere Wand ist etwa halb so groß wie eine Tür, und wir können darauf etwas mehr über die Geschichte und die Werte unserer Marke mitteilen. Doch so eine Wand hat noch einen Riesenvorteil: Sie wird quasi an die … Wand geschraubt. Anders als ein Pappständer kann sie nicht einfach verschoben oder weggestellt werden – wir sind damit ständig präsent, solange uns keiner mit dem Brecheisen zu Leibe rückt. Der Marketingfachbegriff dafür ist »Stickiness«.

Nachdem wir ein halbes Jahr damit zugebracht hatten, unsere Wand zu entwerfen, Marktforschung zu betreiben, zu verhandeln und einen Haufen Geld zu bezahlen, wurde sie endlich an die Shops ausgeliefert.

Ich bekam zwar Fotos zugeschickt, aber mit eigenen Augen hatte ich sie noch nicht gesehen. Im Juni 2019 flog ich nach Los Angeles, um unsere Wand erstmals persönlich in Augenschein zu nehmen. Ich war etwa eine Woche lang in der Stadt und hatte viele Termine. Deshalb fand ich erst gegen Ende meines Aufenthalts Zeit, mit Ignacio in den betreffenden Laden zu gehen. (Ignacio arbeitete in Amerika für *invisibobble.*) Er hatte die Wand schon gesehen und fand sie richtig gut. Doch er bestand darauf, dass wir zusammen hingingen – mit einer Flasche Sekt, um gebührend darauf anzustoßen.

Beim Gedanken daran, dass ich gleich zum ersten Mal meine Wand sehen würde, wusste ich nicht, ob ich lachen, weinen oder nur hilflos mit den Achseln zucken sollte. Wir hatten uns für Freitagnachmittag zu einem Ortstermin verabredet, wenn alle anderen Besprechungen erledigt waren. Am Mittwoch saß ich mit Ignacio beim Frühstück. Da lehnte er sich über den Tisch zu mir herüber.

»Hey, ich hab was besorgt«, flüsterte er.

»Was denn? Wieder ein paar neue Turnschuhe?« (Ignacio steht nämlich auf Designer-Sneakers.)

»Nein«, sagte er und schaute nervös hin und her. »Ich war bei Med Men.«

»Med Men? Was ist das denn?«, fragte ich.

»Na, der Haschladen. Ich hab uns was zum Naschen besorgt!«

»Hä?«

»Ja, Mann. Das ist hier ganz legal.«

Unter dem Tisch schob er mir eine kleine weiße Schachtel zu. Darauf stand, der Inhalt sei »aus echten Früchten mit natürlichen Aromen«. Ich öffnete sie und fand ein paar kleine rote weiche Gummis.

»Die sollten wir unbedingt irgendwann probieren!«, drängte Ignacio.

»Na gut. Aber erst am Wochenende, okay?«

Es wurde Freitagnachmittag, und weil wir in LA waren, saßen wir mit unseren Laptops am Pool und beantworteten nach einem langen, mit Terminen zugeknallten Vormittag unsere E-Mails.

Ich blickte auf, und plötzlich stand die kleine weiße Schachtel auf dem Tisch.

»Wir sollten jetzt eins einwerfen«, wisperte Ignacio. (Er wisperte, obwohl es doch in Kalifornien angeblich ganz legal war, Cannabis zu konsumieren.)

Ich griff nach der Schachtel. 5 Milligramm THC pro Stück, stand darauf.

»Was soll denn das heißen?«, fragte ich.

Ich googelte und fand heraus, dass es sich bei THC um den psychoaktiven Bestandteil der Cannabis-Pflanze handelte – also den Teil, der high machte. Aus dem Internet erfuhr ich, dass die Dosierungsskala von null bis hundert reichte. Bis zu 2,5 Milligramm galten als Mikrodosis, von der man eigentlich noch gar nichts spürt.

Die Mindestmengen, um high zu werden, lagen angeblich bei 5, 10 oder gar 15 Milligramm (nebenbei bemerkt: Holt euch grundsätzlich fachmännischen Rat, bevor ihr legal THC konsumiert – verlasst euch bloß nicht auf das, was ich euch erzähle). Ich dachte, sicher musste man 60 Milligramm intus haben, um auf den gleichen Stand zu kommen wie nach sieben Jägerbomben, und bei 100 Milligramm würde sich dann wohl alles drehen und es würde einem kotzspeiübel.

Sicherlich würde es wie beim Biertrinken auch eine Weile dauern, bis die aktiven Bestandteile ihre Wirkung entfalteten – vielleicht eine Stunde oder so. Also griffen wir beide zu, zerkauten ein Gummi, das wie ein ganz normales Gummibärchen schmeckte, und erledigten weiter unsere E-Mails.

Nach einer Weile schaute ich zu Ignacio hinüber und fragte, ob er schon etwas spüre. Tat er nicht.

Da erschien eine weitere kleine weiße Schachtel auf dem Tisch. »Die hier sind stärker«, sagte er. Er nahm ein Gummi heraus, biss ab und gab mir die andere Hälfte. Damit hatten wir jeder schon zwischen 12 und 15 Milligramm konsumiert, wie mir plötzlich klar wurde. Und es war Zeit für den Besuch in der Parfümerie, um endlich die Wand zu Gesicht zu bekommen, von der ich so lange geträumt hatte.

In der Dusche fing es an.

Ich wusch mir gerade die Haare, als ich plötzlich jede einzelne Haarwurzel auf meinem Kopf spürte – und das waren Millionen! Ich hatte viel zu viele Haare auf dem Kopf. Irgendwie schaffte ich es, zu Ende zu duschen und mich anzuziehen. Als ich hinunterging, um mich mit Ignacio zu treffen, rollte ich die Zehen wie Klauen auf und fühlte sie ganz intensiv in meinen Schuhen. Während ich auf Ignacio wartete, kam ich mir vor wie eine Darstellerin in einem Film. Plötzlich waren alle Menschen im Hotel unter Wasser, wir befanden uns auf dem Meer, und ein Sturm zog auf … Da erschien Ignacio.

»Hey, wir müssen noch den Sekt besorgen«, sagte er.

Offenbar macht es einen gewaltigen Unterschied, ob man 5 oder 12 Milligramm THC konsumiert, denn in der halben Stunde, die ich gebraucht hatte, um mich fertigzumachen, war ich, nachdem ich zuvor noch gar nichts gespürt hatte, so high wie der heiße Himmel über LA.

Wir gingen in einen Lebensmittelmarkt. Mir war noch nie etwas so schwergefallen, wie den Piccolo, die Chips und die beiden Plastikbecher zu tragen. Im Taxi auf dem Weg zur Beautykette wurde es immer schlimmer. Weil ich keinen Joint geraucht, sondern ein Haschgummi gegessen hatte, war das High keine kurze Spitze, sondern recht ausdauernd. Ich drückte mein Gesicht ans Fenster des Uber-Autos, und mir kam alles ganz unwirklich vor. Ich fragte mich: *Was mache ich hier? Ach ja, das weißt du doch, Sophie – du sitzt in einem Uber und bist auf dem Weg in den Kosmetikladen, um deine invisibobble-Wand anzuschauen, mit deinem Gesicht mittendrin, und dem invisibobble-Logo und allem, in einem eigenen Bereich. Schau mal, da unten rollt eine Sektflasche auf dem Boden des Uber. Und da ist Ignacio, unser amerikanischer Vertriebsmann. Er sitzt gleich neben mir in diesem Auto, das ein Uber ist – und warum sind wir nochmal in dem Uber?*

Endlich kamen wir an dem Laden an, der zwischen anderen Geschäften lag. Davor war ein großer Parkplatz. Ich schaffte es kaum aus dem Auto. Nun war der Augenblick, auf den ich so lange gewartet und hingearbeitet hatte, endlich da – und ich war so high, dass ich mich kaum bewegen konnte. Ignacio schienen die Gummis überhaupt nichts anzuhaben. Er ging schnurstracks auf den Eingang zu. Da musste ich lachen – so sehr, dass es in der Öffentlichkeit bestimmt nicht angebracht war. Aber ich wollte in den Laden und unsere Wand sehen. Ich griff nach Ignacios Hand und ging so dicht hinter ihm her, dass die Leute mein Gesicht nicht sehen konnten. Dabei musste ich höllisch aufpassen, dass ich ihm nicht auf die Hacken seiner Designer-Sneaker trat.

Wir betraten das Geschäft. Alle schauten uns an – vor allem mich. Sie starrten förmlich, und mit jedem Schritt den Gang entlang zogen wir immer mehr Blicke auf uns. Und der Gang war lang – so lang, dass ich kein Ende sehen konnte. Das reizte mich noch mehr zum Lachen. Wir gingen weiter, und die Leute gafften. Schließlich standen wir vor der

Wand. Unsere *invisibobble*-Wand. Da war sie – und ich konnte nur dastehen und lachen, bis mir die Tränen kamen.

Mit Mühe riss ich mich ein bisschen zusammen und begann sogar, nachzuzählen, ob alle Haken dran waren, an denen *invisibobble*-Packungen hingen. Pegs hießen die, und alle 45 waren vorhanden und richtig angebracht. Vier Pegs sind für saisonale Angebote gedacht. Dort können wir unsere Sonderkollektionen präsentieren. Und das Beste: Wir können selbst entscheiden, was wir dort wann aufhängen. Alles sah ganz toll aus, und ich glaube, bei diesem Anblick wäre ich auch ganz ohne Cannabärchen high geworden.

Nach unserer Wandinspektion sollten wir noch mit einem bekannten PR-Manager aus LA essen gehen – aber ich war immer noch so high, dass ich kaum sprechen konnte. Ignacio ging allein, und ich legte mich im Hotel in mein Bett. Es war erst halb sechs und noch gar nicht dunkel, doch ich hätte geschlafen wie ein Murmeltier – wenn ich nicht immer wieder wach geworden wäre, weil ich Hunger hatte. Dann kroch ich zur Minibar und machte mich über die Snacks her. Um 5:30 Uhr morgens war alles aufgegessen. Also stand ich auf und joggte durch das seltsam menschenleere Beverly Hills.

Auf dem Rückweg zum Hotel lächelte ich. Wir hatten unsere Wand.

25.

Die gute alte Zeit

Was ich gelernt habe:

- Solange ein Unternehmen wächst, braucht es unbedingt eine Start-up-Kultur – und die kann man durch Geschichten wachhalten.
- Ich hole tief Luft und gehe als Gründerin ›da raus‹.
- Sogar Glatzköpfe wissen, was *invisibobble* ist.

Wenn ich sehe, was wir aus *invisibobble* gemacht haben, bin ich schon ein bisschen stolz. Sicher, uns sind Fehler passiert – aber ich finde, nur daraus lernt man.

Es ist jetzt acht Jahre her, dass ich in jenem kalten Dezember eine Woche lang in meinem Wohnheimzimmer gesessen und mir den Kopf darüber zerbrochen habe, was für ein Produkt ich herstellen und verkaufen könnte. Während des Studiums wollten Felix und ich unsere Zeit sinnvoller verbringen als nur damit, sieben Tage die Woche Party zu machen, Wodka Tonic zu schlürfen und ab und zu mal einen Tag zu lernen. Ich glaube nicht, dass wir uns damals hätten vorstellen oder auch nur erträumen können, was aus *invisibobble* werden würde. Felix sagt sogar, er hätte früher »nie im Leben« gedacht, dass er mal in der Haarschmuckbranche arbeiten würde.

Und nie im Leben hätten uns unsere Eltern Geld gegeben, um ein Haargummiunternehmen zu gründen (übrigens auch für kein anderes Unternehmen). Es war die Mischung aus Felix' Geschäftssinn und meiner kreativen Vision, die uns zum Erfolg verholfen hat – und das absolute Vertrauen unserer Geschäftspartner Dani und Niki. Inzwischen ist *invisibobble* ganz in New Flag aufgegangen und zu einer New-Flag-Marke geworden. Damit bin ich auch zu New Flag gewechselt – als vierter CEO und Gesellschafterin. Natürlich bin ich aber weiterhin die Mutter von *invisibobble.*

Mir ist schon klar, dass wir großes Glück hatten, die richtigen Geschäftspartner zu finden, und auch, dass es ein Privileg ist, wenn man im Ausland studieren kann. Doch dass *invisibobble* ein Erfolg wurde, ist jeder Menge superharter Arbeit und Hingabe zu verdanken, da bin ich überzeugt. Wir hätten so oft aufgeben können: als wir so dreist kopiert wurden, als unsere Schiffsladung Feuer fing oder nachdem wir entdeckt hatten, dass es unsere Fabrik gar nicht gab. Doch wir haben weitergemacht und nach vorne geschaut.

Im April 2019 konnten wir den 100-millionsten verkauften *invisibobble* feiern. Dabei kommt es mir in verschiedener Hinsicht so vor, als würden wir gerade erst richtig anfangen.

Ich träume davon, *invisibobble*-Flaggschiffläden in New York und London zu eröffnen – schicke, bunte Geschäfte, quasi das Accessoire-Pendant der hochwertigen, doch nicht zu exklusiven Parfümerie. In den Läden könnte man unser komplettes Produktangebot kaufen, vom *invisibobble*-Original in Crystal Clear über das Bowtique in vielen verschiedenen Farben und unseren neuen Wrapstar – einen *invisibobble* mit einem Haarband, der 2020 in Deutschland auf den Markt kam.

In den Shops würde es eine Gratisfrisiertheke für Kunden geben, und eine Personalisierungsstation, an der die Leute ihre eigenen Dreierpacks kreieren und mit ihrem Namen versehen lassen konnten. In einer Photobox könnten sie Bilder schießen und direkt auf Instagram posten, und sie könnten an einem Wettbewerb um ein silbernes oder ein goldenes *invisibobble*-Armband teilnehmen. Und natürlich gäbe es eine saisonabhängige Wand mit sämtlichen unserer Sonderkollektionen und Kooperationsprojekten. Mir schwebt ein kreativer, farbenfroher Süßwarenladen für die Haare vor. Solche Flaggschiffläden sind irre teuer, weil man hohe Mieten zahlen muss, doch was sie an Marge vermissen lassen, das gleichen sie durch Markenbindung und -wahrnehmung wieder aus.

Ich würde auch gern direkt online über *invisibobble*.com verkaufen, doch das rechnet sich für uns noch nicht. Bestellungen auszuführen, wäre bei kleinen Mengen zu teuer. Und obwohl wir ein innovatives Unternehmen sind, das eine vollkommen neue Kategorie erfunden und Einzelhändler dazu überredet hat, mit uns ins Risiko zu gehen, sind wir selbst ziemlich vorsichtig. So geben wir beispielsweise nicht viel Geld für Marketing aus und schauen immer auf die Kosten (ohne dass wir knauserig wären).

In puncto Marketing haben wir uns allerdings weiterentwickelt. Heute schmuggeln wir unsere *invisibobbles* nicht mehr in Fashion Shows ein und hoffen, dass sie von den Stars entdeckt werden, sondern wir planen sorgfältig unser Instagram-Feed und organisieren lustige Veranstaltungen für Friseure. Im Sommer 2019 habe ich meinen eigenen Instagram-Account eingerichtet – @sophie_*invisibobble* –, weil wir gemerkt haben, dass sich die Leute für die Geschichte hinter *invisibobble* interessieren. Etwa zur gleichen Zeit habe ich auch angefangen, dieses Buch zu schreiben.

Als Mitgründerin eines acht Jahre alten Unternehmens muss ich mit der Marke wachsen. Sie gibt wieder, was wir für Menschen sind. Mit zunehmender Reife kennen wir uns selbst besser und wissen, wie wir unser Unternehmen führen möchten. Und wir haben gelernt, gute Beziehungen zueinander und zu unseren Kunden zu pflegen.

Nachdem ich anfangs ziemlich zurückhaltend war, wenn es um *invisibobble* ging (ihr wisst vielleicht noch, wie ich in dem Schweizer Skiort um die Ecke gegangen bin und mir im Stillen ein paar Tränchen verdrückt habe, als wir in Großbritannien vom ersten großen Einzelhändler gelistet wurden, weil ich nicht wollte, dass das jemand mitbekam), bin ich inzwischen so etwas wie das Gesicht der Marke. Obwohl ich anfangs nicht so gern ›da draußen‹ war, habe ich mittlerweile das Gefühl, dass die Menschen ganz gern mal hinter die Kulissen schauen und wissen wollen, wie das bei *invisibobble* so ist. Nicht viele Marken werden immer noch von ihren Gründern gemanagt. Es ist für uns daher ratsam, das zu unserem Vorteil zu nutzen. Ich finde es nach wie vor komisch, mich selbst auf unseren Displays zu sehen, oder Videos von mir auf YouTube, doch ich gewöhne mich langsam daran.

Manchmal sprechen wir im Büro von der »guten alten Zeit«, als *invisibobble* noch ein superwindiges Start-up war und Felix und ich Kisten mit Haargummis aus China aufrissen, die Ware erstmal im Waschbecken durchspülen mussten und dann im Wohnzimmer von Felix' Eltern auf dem Fußboden ausbreiteten. Heute ist unser Unternehmen professionell durchorganisiert, doch manchmal vermisse ich die Tage, als wir noch alles selbst machten. Als ich so tun musste, als sei ich von *invisibobbles* »Rechtsabteilung«. Oder als wir potenziellen Vertriebspartnern erzählten, wir seien 22 – obwohl wir in Wirklichkeit noch Teenager waren.

Wir arbeiten hart, um diese Kultur am Leben zu erhalten. Einmal im Monat trifft sich das ganze Team an unserer hauseigenen Bar, um sich auszutauschen. Bei einem Wodka Tonic (oder einem Bier, das ich dieser Tage lieber trinke, denn schließlich lebe ich in Bayern, wo Bier zu einer klassischen Brotzeit dazugehört) erzähle ich manchmal davon, wie Felix und ich Zigtausende *invisibobbles* auf eine Palette packen mussten – und zwar gleich zweimal –, und dann Vertragsstrafen zahlen mussten, weil wir alles falsch gemacht hatten. Oder von der Zeit, als wir entdeckten, dass unsere chinesische Fabrik ein potemkinsches Dorf war.

Auch von meinem TEDx-Talk habe ich unserem Team schon erzählt. Damals konzentrierte ich mich auf drei Punkte: nämlich, dass Ideen für neue Produkte oder Unternehmen (meiner begrenzten Erfahrung nach) phänomenal erfolgreich sein können, wenn sie 1) einfach und 2) billig sind, und dass man 3) kein Fachmann in der gewählten Branche sein muss. Einfach war gut, weil wir unser Produkt dadurch schnell einführen konnten. Wäre es auf dem Markt nicht gut angekommen, wären wir früh gescheitert – und hätten nicht viel Geld in den Sand gesetzt. Dass wir auf dem von uns gewählten Gebiet keine Fachleute waren (was besonders für Felix galt), war nicht so schlimm, denn wir kannten die Spielregeln nicht und gingen aus diesem Grund unseren eigenen Weg – auf dem wir durchaus auch mal gegen die Regeln verstießen.

Wir hatten aber eine Vision – nämlich die von einem Haargummi als Markenprodukt, das sich mit einem bestimmten Lebensstil assoziieren ließ. Dadurch konnten wir *invisibobbles* in Modeboutiquen und Kaufhäusern verkaufen, aber auch in normalen Drogeriemärkten. Weil wir keine Insider waren, ließen wir uns nicht künstlich einschränken. Wir wussten ja nicht, dass es eine Regel gab, die besagt, dass Haargummis billige Massenware sein mussten, die, auf Karton getackert, nur im Masseneinzelhandel verkäuflich waren. Und der letzte Punkt, nämlich das Geld: Nun ja, wie schon gesagt, haben wir *invisibobble* mit dem Gegenwert von 1350 Wodka Tonics gegründet.

Was ich damit sagen will: Wir sind erfolgreich, weil wir nicht das tun, was schon alle anderen vor uns getan haben. Das bedeutet, dass wir Risiken eingehen. Ich möchte, dass jeder im Unternehmen *invisibobble* im Gesamtbild sieht. Das heißt zum Beispiel: Jemand, der gar nicht in der Produktentwicklung arbeitet, kann mit einer Idee zu uns kommen. Es bedeutet auch, dass wir anderen Spielraum geben, auch mal etwas auszuprobieren – und zu riskieren, damit auf die Nase zu fallen. Wenn es nicht klappt – kein Ding, dann geht es auch so. Mir gefällt es viel besser, wenn mal jemand etwas riskiert und es geht daneben, als wenn einer ein Projekt 50-mal durchanalysiert und dann verwirft, weil er sich nicht traut.

Ein positiver Faktor für unsere Unternehmenskultur ist auch, dass wir keine Exitstrategie haben. Viele Leute mit ›normalen‹ Jobs träumen davon, sich selbstständig zu machen. Ich habe das Glück, diesen Traum zu leben. Warum sollte ich das aufgeben?

Snapchat-Gründer Evan Spiegel wird oft gefragt, warum er ein angeblich 3 Milliarden US-Dollar schweres Angebot von Facebook für sein Unternehmen ausschlug.

»Ob man verkauft oder nicht, das Beste daran ist, dass man auf jeden Fall etwas sehr Wichtiges über sich selbst lernt. Verkauft man, weiß man gleich, dass es eben doch nicht der richtige Traum war. Verkauft man nicht, dann ist vermutlich etwas dran. Vielleicht ist das ja der Beginn von etwas ganz Besonderem«, erklärte Spiegel bei seiner Rede vor den Absolventen der Marshall School of Business 2015 an der University of California. Für mich ist *invisibobble* »etwas ganz Besonderes«, das mir am Herzen liegt – und auch anderen ans Herz wachsen soll. Mir ist sehr wichtig, was Verbraucher von unseren Produkten halten, und ich sondiere jeden Tag in den sozialen Medien und lese Kommentare (positive wie negative). Ich antworte auch noch persönlich. Erst kürzlich ertappte ich mich wieder dabei, wie ich 20 Minuten lang auf Instagram Direktmarketing betrieb und einer Kundin half, den richtigen *invisibobble* auszuwählen.

Ich weiß, der *invisibobble* wird nicht die Welt verändern. Doch auf die Idee dazu bin ich ursprünglich gekommen, weil ich einen Weg finden wollte, meine Haare hochzubinden, ohne Kopfweh zu kriegen. Jeden Tag erreichen uns Nachrichten von Frauen, die *invisibobbles* tragen und uns erzählen, wir hätten tatsächlich »ihr Leben verändert«, weil sie keine Kopfschmerzen mehr haben. Solche Nachrichten sind es, die uns motivieren. Wie schon gesagt, wir werden die Welt nicht verändern – aber wir verändern jeden Tag ein kleines Bisschen das Leben von Menschen, und zwar zum Besseren. Und ich finde, dafür lohnt es sich zu leben.

Wir können uns nicht zurücklehnen und das Unternehmen sich selbst überlassen (obwohl ich inzwischen sogar mal in den Urlaub fahren kann, ohne jede Stunde auf mein Handy zu schauen, weil vielleicht der nächste GAU des Tages eingetreten ist). Es verlangt mehr Leidenschaft und Hingabe denn je, dafür zu sorgen, dass *invisibobble* der Kategorienkönig bleibt, wie die Marketingleute sagen – und unsere Marke auf ein globales Niveau zu heben. Ich bin etwa 120 Tage im Jahr unterwegs. Das mag sich glamourös anhören, bedeutet aber vor allem, dass ich mich gut auf Flughäfen, in voll besetzten Flugzeugen und mit seltsamem Flugzeugessen auskenne.

Um euch einen kleinen Eindruck davon zu vermitteln – hier bin ich 2019 hingeflogen:

04.01.	Chicago	–	London
05.01.	London	–	Madrid
06.01.	Madrid	–	München
12.02.	München	–	New York

17.02. New York	–	Montreal
19.02. Montreal	–	Minneapolis
19.02. Minneapolis	–	San Francisco
22.02. San Francisco	–	München
04.03. München	–	London
05.03. London	–	München
01.04. München	–	Tel Aviv
04.04. Tel Aviv	–	München
25.04. München	–	Madrid
28.04. Madrid	–	München
10.05. München	–	Kopenhagen
12.05. Kopenhagen	–	München
17.05. München	–	Lissabon
19.05. Lissabon	–	München
07.06. München	–	Berlin
09.06. Berlin	–	München
11.06. München	–	Los Angeles
18.06. Los Angeles	–	Boston
19.06. Boston	–	München
21.06. München	–	Kopenhagen
23.06. Kopenhagen	–	München
12.07. München	–	Budapest
14.07. Budapest	–	München
19.07. München	–	Barcelona
21.07. Barcelona	–	München
24.07. München	–	Paris
25.07. Paris	–	München
01.08. München	–	London
01.08. London	–	München
04.09. München	–	Mallorca
08.09. Mallorca	–	München
09.09. München	–	Paris
10.09. Paris	–	München
17.09. München	–	London
17.09. London	–	München

27.09. München	–	Los Angeles
05.10. Los Angeles	–	München
14.10. München	–	Amsterdam
15.10. Brüssel	–	München
15.10. München	–	Johannesburg
16.10. Johannesburg	–	Kapstadt
17.10. Kapstadt	–	Johannesburg
17.10. Johannesburg	–	München
04.11. München	–	London
10.11. London	–	München
14.11. München	–	Manchester
16.11. Manchester	–	München
19.11. München	–	Frankfurt
19.11. Frankfurt	–	Shenzhen
23.11. Shenzhen	–	Peking
23.11. Peking	–	München
29.11. München	–	Madrid
01.12. Madrid	–	Berlin
01.12. Berlin	–	München
09.12. München	–	Paris
09.12. Paris	–	München

Das sind 60 Flüge – und es sieht nicht so aus, als würde sich das in absehbarer Zeit ändern.

Ganz toll fände ich, wenn *invisibobble* irgendwann einfach die Bezeichnung wäre, die die Leute für alle spiraligen Haargummis verwenden – wie Labello oder Google oder Kleenex, denn eine Marke, die diesen Status erreicht, ist ein echter Pionier in ihrer Kategorie. Doch solche Marken müssen ihre Führungsstellung ständig behaupten – und deshalb fliege ich 60-mal im Jahr – um das Team laufend daran zu erinnern, wozu wir da sind, und es unablässig langfristig auf die Marke einzunorden. Ich weiß zwar, dass die Marke geschätzt wird, doch mir ist auch klar, dass die Zahl der Haargummis, die sich jemand kauft, begrenzt ist. Deshalb müssen wir uns weiter engagiert darum bemühen, *die* Marke für Haaraccessoires schlechthin zu werden – die bekannteste der Welt.

Erinnert ihr euch noch an den glatzköpfigen Sicherheitsbeamten mittleren Alters vom Münchner Flughafen? Der beim Durchleuchten meines Gepäcks die »spiraligen Dinger« auf seinem Bildschirm entdeckte? Das war für mich einer der Momente, in denen ich wusste: Wir haben es allmählich geschafft.

»Das sind doch diese spiralförmigen Haargummis, die keinen Abdruck im Haar hinterlassen und keine Kopfschmerzen machen, stimmt's? Immer drei in einem niedlichen Plastikwürfel?«, sagte er.

Während ich mit offenem Mund und großen Augen da stand und gar nicht glauben wollte, dass dieser Mann unser Produkt kannte, ging unser Gespräch folgendermaßen weiter:

»Meine Frau ist TOTAL BEGEISTERT davon! Sie hat eine ganze Menge. Am Ende landen sie dann in unserem Schlafzimmer unter dem Bett, und wir müssen sie alle wieder einsammeln«, erzählte er mir.

Wow.

»Ja, wirklich. Und ihr Lieblingsfarbe ist … die«, erklärte er und pflückte ein Dreierpack in Candy Pink aus meinem Koffer.

»Wie heißen die noch gleich?«, fragte er und zog den Reißverschluss wieder zu. »Invis-ah-su …«, versuchte er.

»*invisibobble*«, half ich ihm schnell aus.

»Genau. Das war's. *invisibobble*. So einfach.«

Und er gab mir meinen Koffer zurück.

Über die Autorin

Sophie Trelles-Tvede wurde in Dänemark geboren, besuchte die Schule in Zürich, studierte in England und arbeitet nun in München. Hier gründetet sie zusammen mit den Brüdern Felix und Daniel Haffa sowie Niklas Epstein das Unternehmen invisibobble. Forbes ehrte Sie dafür 2016 mit einer Erwähnung in der Liste »30 unter 30«.

@sophie_invisibobble

@invisibobble

Website: https://www.invisibobble.com/

Stichwortverzeichnis